先做人，掌握做人的法则与技巧　后做事，把控做事的规律与

先做人　后做事

方与圆的智慧

张艳玲 ◎ 改编

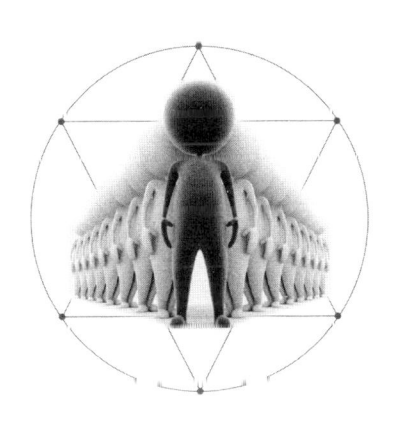

民主与建设出版社

·北京·

©民主与建设出版社，2021

图书在版编目（CIP）数据

先做人，后做事/张艳玲改编.—北京：民主与建设出版社，2015.12
（2021.4重印）

ISBN 978-7-5139-0904-4

Ⅰ.①先…Ⅱ.①张…Ⅲ.①人生哲学—通俗读物Ⅳ.① B821-49

中国版本图书馆 CIP 数据核字（2015）第 269715 号

先做人，后做事
XIANZUOREN, HOUZUOSHI

改　　编	张艳玲
责任编辑	王　倩
封面设计	天下书装
出版发行	民主与建设出版社有限责任公司
电　　话	（010）59417747　59419778
社　　址	北京市海淀区西三环中路 10 号望海楼 E 座 7 层
邮　　编	100142
印　　刷	三河市同力彩印有限公司
版　　次	2016 年 1 月第 1 版
印　　次	2021 年 4 月第 2 次印刷
开　　本	710 毫米 ×944 毫米　1/16
印　　张	13
字　　数	130 千字
书　　号	ISBN 978-7-5139-0904-4
定　　价	45.00 元

注：如有印、装质量问题，请与出版社联系。

前言 PREFACE

方与圆是中国传统文化中特有的概念。早在几千年前,"天圆地方"学说就已存在,意指天地的自然形态,后几经演变,古代先贤赋予了方与圆更为复杂、更具内涵的哲学意义。在方圆之道中,方即是规矩,是框架,是做人之本;圆即是圆通、灵活,是老练,是处世之道。为人处世,当方则方,该圆则圆,圆中有方,方圆合一,人与人和谐了,社会也就和谐了。

在中国传统文化中,方圆之道自古至今被视为人生之大道,做人之大智,做事之大端。孟子曰:"规矩,方圆之至也。"中华五千年的生存智慧浓缩于方圆之中,似太极般刚柔相济,变幻无常。古代哲人对方圆的辩证认识,揭示了人生为人处世的高超艺术。今天的人们更认识到无论是做人还是做事,只有方圆相济、方圆并用,才能在社会生活中进退自如,营造良好的人脉和生存环境,享受快乐惬意的人生,成就功名和大业。

方是做人的脊梁,圆是处世的锦囊,有圆无方则不立,有方无圆则碰壁。过分方正是固执,是锋芒毕露、有勇无谋;过分圆滑是世故,是毫无主见、缩手缩脚。只有方圆结合,才是为人处世的最高境界;只有方圆结合,人生才有可能走向成熟;也只有方圆结合,才能交出一份合格的人生答卷。

人生自在方圆中。"方"是人立志的思想气度,"圆"是人适应社会、协调乾坤的行为准则。刚为方,柔为圆。以不变应万变是方,以万变应不变是圆,人生的巧妙就在于方圆合一的道理,方圆结合才是为人处世的大智慧。

方圆智慧是为人处世的永恒智慧,是玩转乾坤的至高学问。为了让更多的人既能充分了解方圆哲学,又能游刃有余地运用方圆之道,把握好方圆之度,我们推出了本书。本书结合古今中外大量的真人实例,从得失、屈伸、进退、交际、言行等角度,用深入浅出的语言诠释方与圆的真谛,解开方圆做人的天机,参尽圆满处世的秘诀。人生本就是方与圆的统一,方圆处世,通达世事,便可享受自在人生。

目 录

前言 ········· 1

第一章　方圆处世，应酬有道

01　为人之道，和为上 ········· 2
02　外圆内方，方圆合一 ········· 4
03　友有益损，择人而交 ········· 12
04　学会忍耐，低调做人 ········· 14
05　揣着明白装糊涂 ········· 19
06　忿捧结合，应对自如 ········· 26
07　方圆为人，兼济天下 ········· 31

第二章　方法圆融，能言善辩

01　融洽从学会倾听开始 ········· 38
02　说出的话不一定要兑现 ········· 44
03　投其所好，"方"得其所 ········· 49
04　劝导不如诱导 ········· 54

05 说话要深藏不露 ········· 57
06 学会说"不" ········· 63
07 交浅不言深,逢人只说三分话 ········· 67
08 背后说人好,莫谈他人非 ········· 70

第三章 职场应对,方圆有术

01 道不同,不相为谋 ········· 74
02 搞好同事关系才能高枕无忧 ········· 78
03 荣耀不能独享 ········· 82
04 擅长领会领导的真实意图 ········· 84
05 忠诚比能力更重要 ········· 88
06 忠诚但不唯命是从 ········· 93
07 在领导面前不妨装装"嫩" ········· 95
08 良禽也要择木而栖 ········· 99
09 善于变通,左右逢源 ········· 103

第四章 从商之道,名方实圆

01 目光长远,持之以恒 ········· 110
02 以己之长攻人之短 ········· 115
03 将欲取之,必先予之 ········· 119
04 酒香也怕巷子深 ········· 125
05 打击对手,既要准又要狠 ········· 132
06 以其人之道,还治其人之身 ········· 140
07 亦方亦圆,树立威信 ········· 145
08 以退为进,后发制人 ········· 150

09	隐而不露	153
10	追求利益的最大化	157
11	有孔无孔都要钻	161
12	虚张声势,在气势上占上风	165
13	万变不离其"利"	171

第五章　识人要方,用人要圆

01	刚柔相济,树立威信	174
02	知人善用,恩威并施	179
03	奖惩并用	183
04	大权独揽,小权分散	187
05	驾驭下属张弛有度	193

第一章
方圆处世,应酬有道

方是信仰,是规矩,是做人的信仰,做事的准则;圆是豁达,是灵活,使人懂得变通,趋利避害。人生的巧妙就在于能方能圆,方圆合一,这样才能在社会生活中进退自如,游刃有余,赢得更广阔的生存空间。

先做人，后做事

01 为人之道，和为上

古人曾经探讨做人的境界，的确，做人是有层次，有境界的。与人相处的最高境界是和谐自然，即"阴阳协调，恰到好处。"也就是说，在为人处世中，你应该有一颗包容之心；在与他人相处的时候，应该有一颗宽忍之心，认可对方的价值和存在。切忌有"阳贵于阴"的思想，以和为贵，做到阴阳自然和谐。

然而，在现实生活中，有一种人对别人说三道四，飞短流长，往往招惹许多事非；另一种人常常摆出一副自以为是、盛气凌人的架势，难以与人和谐相处。其实，当你强求别人的时候，反过来应该想想别人会如何看待你。若处处要求别人符合你的心意，那么别人又将怎样体现自己的价值呢？

一个有修养的人，能够主动热情地与周围人接近，用诚恳的、热情洋溢的态度来欣赏别人，赞美别人，使周围的关系更和睦、更融洽。与人为善，平等尊重，是为人处世的基础。千万不要孤芳自赏、自诩清高，那样的会给人一种高人一等的感觉，把你自己与别人隔离起来。

为人父母者时常会对刚刚步入社会的孩子说："注意和领导同事搞好关系。"父母都是过来人，他们深知为人处世是非常关键的，有时候它决定着一个人事业的成败。父母最关心的是孩子在工作单位中人际关系怎样，会不会处世和做人。每个刚踏入社会的人也都希望自己能与领导同事和和气气地相处。

良好的人际关系不仅有利于我们的工作和事业,还会给我们创造一个安宁、愉快、轻松、友好的心理环境,而良好的人际关系的形成并非是轻而易举、毫不费力的事情,因为人与人之间总会产生这样那样的摩擦,所以,要搞好人际关系,我们还需要提高自己的修养,脚踏实地一步步地去争取。

1. 对人表现得尊重些,轻易获得好人缘。人人都有自尊心,人人都希望受到尊重,而且对尊重自己的人有一种天然的亲和力、认同感。要想左右逢源,搞好人际关系,有一个好人缘可以说是一个必要的条件。因此,在日常生活中,不管对方的地位如何、才能怎样,只要与之打交道,就应给人以人格的尊重。让人感到他在你心目中是受欢迎的、有地位的,从而得到一种满足,感到和你交往心情很愉快。

2. 理解、宽容是赢得人缘的基本条件。每个人的个性、习惯、工作方法、态度都可能不同,你的正确态度应该是理解。应该求大同存小异,不必苛求对方,宽以待人是以理解为基础的。这样,别人才愿意与你相处。反之,如果你对人过分苛求,人家就不敢、不愿靠近你。古语道:"水至清则无鱼,人至察则无徒。"说的就是这个道理。

3. 乐于助人,才能获得好人缘。乐于助人不仅是做人的一种美德,也是赢得好人缘的助推器。有时别人有困难,又不好意思直说,如果你能善解人意,设身处地地为他想一想,尽可能主动地帮助他解决难题,那他一定感激不尽,并把你当成知心朋友而铭记不忘。

现实生活中,很多人就是依靠和气,才赢得了人缘、赢得了良好的名声,这些人做起事来要比别人顺利得多。可见,和和气气地与人相处,是一个人走向成功的秘诀!

先做人，后做事

方圆智慧

处世方圆术主张，为人处世中要尽量把自己的肩头和别人看齐，不清高，不傲慢，不自以为是，不站在别人的肩头评头论足、说三道四或指手画脚，要始终保持以平等的姿态与对方说话和办事，这样做既不会伤害别人，还可以与别人保持和睦的关系。

02　外圆内方，方圆合一

任何成功的背后都包含了许多失败，如果说做人要做到外圆内方的话，那也肯定做出了许多牺牲。比如，想做事要方，做事要有规矩、有原则，那就意味着许多事不能做，如果许多事非要做，那无疑就意味着要得罪很多人，惹恼很多人，意味着要舍弃很多，甚至招来杀身之祸。

圆，狐狸多机巧；方，刺猬仅一招。圆是天，方是地；圆多变，方稳定；圆乐观，方迷茫；圆有自由，方有信仰。

自古以来，有圆就有方，就连钱币，也是一时风靡的外圆内方。圆中有方，做人要圆，却也不能失了方正。

中国在封建制度时代，许多封建君主和位高权重者在复杂多变的环境中，逐渐形成了"外圆内方"的性格。不是锋芒毕露，义无反顾，而是软硬兼施，刚柔相济，方圆合一。

"水能载舟，亦能覆舟"。要想在领导的位置上坐稳，就要把自己所管辖的"水面"疏通得既无暗流，又无礁石。掌握了"方圆"的功夫，多在

第一章 方圆处世，应酬有道

下属身上进行感情投资，不花钱，也可以把下属笼络得服服帖帖。

作为历史上少有的几个明君之一，唐太宗李世民不仅文韬武略兼备，善用感情笼络下属的功夫也是一流的。

李勣是唐朝的开国功臣，也是第一个被赐予"国姓"的人。李世民晚年的时候，对其委以重任。可以说，他对唐代前期的政治有着重要的影响。

对于李勣这样的人，李世民十分注重感情投资。据说，有一次李勣得了急病，医生说："胡须灰可以救治。"

把我的胡须带去！

李世民听说后，当即在众臣的面前毫不犹豫地剪下自己的胡须派人给李勣送去。

在身体发肤受之父母不可损伤的观念影响下，古人一向视发肤为神圣之物，至于皇帝的毫发更是珍贵无比，而李世民为救大臣竟毫不吝惜地剪下，实在是人会笼络人心了。

后来李勣知道后感动得热泪盈眶，深深跪拜，以表达他感激不尽的心情。有这样的主子，李勣怎能不誓死相报呢？

魏征是唐初著名的谏臣，他在太宗贞观年间曾上奏200余道，极切时

先做人，后做事

弊，为"贞观之治"做出了重大贡献。

对魏征这个人，唐太宗也倾注了大量的感情：他曾将自己心爱的女儿嫁与魏征的儿子，魏征每次生病唐太宗必亲临看望，魏征死后唐太宗特亲临哭送，并停朝数日以示哀悼。

唐初著名政治家房玄龄曾率先投奔李世民参加反隋起义，又帮助李世民登上皇帝宝座，贞观年间长期担任宰相之职，为唐初政治制度的建立、社会经济的发展做出了重大贡献。

对房玄龄，唐太宗也给予了特别的恩宠，他曾数次亲临房玄龄的府上慰问。房玄龄病重时，唐太宗为了及时了解病情，探视方便，竟令人将皇宫围墙凿开，以便直达房玄龄家。他每天都遣使臣问候，派名医去治疗，让御膳房为他准备饮食。房玄龄临终时，太宗亲自话别，悲痛欲绝。

由此可见，贞观年间，李世民之所以能聚集一大批有才干又有高度忠诚心的大臣，与他巧用感情是分不开的，也正因为如此，唐太宗李世民树立起了"英明君主"的形象。

一个聪明的上司如果能够在不违反原则的情况下多体恤下级一些，对营造团结和谐的气氛，从而促进工作无疑是有利的。

人都是有感情的，管理也离不开感情，感情投入多少，直接影响着管理的成功和企业的效益。而科学的管理方法，加上充分的激励和诚挚的感情投资，定能调动起职工的积极性，使大家自愿为企业的发展尽自己的一份力量。

日本丰田汽车公司为达到最大限度地发挥人的创造能力，首先重视对员工的"教育"，协调劳资关系。"教育"的主要目的是让员工在思想上"爱丰田""忠于丰田"，做一个"努力、诚实、谦虚"的"丰田人"，并且，公司要求每个成员从思想上认识到做一名丰田员工的"光荣"和"自豪"。

其次，从物质上鼓励员工。在丰田市建了一座体育运动中心，在工作之余，公司把成千上万的员工聚集在这里游泳、健身、娱乐，给员工创造一种愉快的环境。而对员工购物、住房则给予特殊照顾，把八成新和半新的小车廉价卖给员工，并且还发给员工无息购车的专用贷款等。这些措施都给企业的生产经营带来了良好的效果。

武汉某锅炉厂专门记下每位员工的生日。每逢有员工过生日时，厂里都会派专人送去象征性的贺礼；逢年过节，厂领导还纷纷到下属和曾有过分歧的员工家里登门致贺，共叙家常，以消除隔阂。一位政工干部说："靠这份情感，我们创造了全厂心齐气顺的局势。"1985年冬季的一天，下了一场大雪。路上冰天雪地，行走十分困难。全厂领导都早早起床，分别到离厂较远的汉口、汉阳各主要车站去接员工们上班。这一天，全厂3000多名工人，竟无一人迟到。这件事引得当地新闻媒体争相报道。

俗话说得好，"宰相肚里能撑船""大人不计小人过"。作为上司，对下属的情感投资还应该包括对他们的过失尽可能地给予原谅。特别是那些无关紧要的过失，不必锱铢必较。容忍别人的小过失，给他一个改过自新的机会，是一种感化人、教育人的方法，也是制造向心效应的一种手段。如果因为一个小小的过错，便对下属大声训斥，大发怒火，势必使他心生怨气，暗恨于你。久而久之，你就会失去人心。

孔子曾说："宽则得众。"的确，一个人尤其是一个领导者，如果能够宽厚待人，饶人之过，就能得到下级的衷心拥戴。

深谙方圆之术的领导为赢得下属的心，还会经常适当地夸赞他们几句。当一个人取得成绩时，他渴望得到别人，尤其是领导的承认。如果这时，领导者能给予适当的鼓励，会让他感到无比的快乐。也许，一句简单的赞语，就会让下属觉得再辛苦也值得。正如一位资深企业家所说："领

先做人，后做事

导的赞扬对下属来说,是非常重要、不可或缺的。"

1915年,美国与墨西哥发生军事冲突,美军的指挥官是潘兴将军。正是由于他的慧眼识才,才使原本默默无闻的乔治·史密斯·巴顿在这场战争中脱颖而出。

当时的巴顿只是一名上尉,他脾气火暴,得罪了不少人。但是,潘兴将军总是不断地鼓励他,有时即使是一些小小的成绩,潘兴也会兴高采烈地说:"好样的,小伙子!"这让巴顿非常感动,他决定要利用这次难得的机会回报潘兴将军。

一次,巴顿奉命向部队驻地附近的农民收购玉米送往司令部。他只带了15名士兵,分乘3辆卡车前去执行任务。不料,途中他们却遭遇了50多名匪徒的围攻。巴顿临危不惧,沉着应敌,将匪首击毙后,指挥美军士兵有序撤退。本来这只是一次小小的遭遇战,并无任何特别之处。但是,事后查明,巴顿击毙的匪首竟是被美军称为"比利亚匪帮的重要人物"的朱利诺·卡德纳斯。潘兴决定重奖巴顿,因为他觉得巴顿是一员虎将,他要将巴顿内心那无比强烈的求胜欲望彻底激发出来。

首先,潘兴将军通令全军嘉奖巴顿,然后,又召集新闻记者,将巴顿的英勇事迹告诉他们。这样,巴顿的英雄事迹登上了美国的各大报纸,巴顿也成了美利坚民族的英雄,"巴顿神话"第一次在全国传开了。

　　巴顿在年幼的时候,就患有"阅读失常症",学习非常吃力,并因此经常受到同学的嘲笑。而这次是从小受尽冷落、歧视的巴顿第一次享受到英雄般的礼遇,他内心狂热的求胜信念终于爆发了。在以后的战斗中以及第二次世界大战时期,他都以勇往直前著称,最终成为美军的优秀将领之一,也成为美军的骄傲。

　　巴顿的后半生,脾气暴躁人所共知,无论是他的下属还是上司,都惧他三分。但是,巴顿始终对潘兴将军毕恭毕敬,从来没有冒犯过他。无疑,潘兴将军是成功的,他不但成功地塑造了一个新的巴顿,而且让他在自己面前永远觉得他是下属。

　　在企业里,到处都可以遇到"刺头兵",这种人甚至专门和他的上司作对,但对与他没有利益冲突的人却比较友好。他有他的势力和人际圈子,他们足以在有些问题上与他的上司分庭抗礼。方圆型管理者使用"刺头兵"的一个重要的法宝就是"给予他合理的职务和责任",通常情况下,这一招十分灵验。只要用信任和委以重任的方法,方圆型的领导都能解决好本部门、本单位比较棘手的"刺头兵"问题。

　　在企业里,妨碍或影响本企业领导人事业发展的人,往往是企业元老级的人物。这些人常常居功自傲,位高而不多办事,自满而不求进步。同时,还营私结党,倾轧图利。他们的能力、素质不但早已跟不上公司的发展,而且已经成为公司进步的"绊脚石"。对付这种人,深谙方圆之术的管理者采用的最有效的办法是让其远离权力中心,断绝其信息来源。或明升暗降,逐步收回他的权力;或让他出差,派他外出考察。等到他回来时发现大势已去,工作已由他人代替,除了拿一份稳妥的退休金,已别无

9

先做人，后做事

他路。

某企业创立之初,总经理张永和副总经理李安都为此付出了巨大的心血。当时,设计图纸、安装机械、招聘技术骨干都是李安一个人独立完成的。而公司确立新的管理层时却任用了为人沉稳、善于经营管理、群众基础较好的张永为主管,而李安则为副手。

自从张永当上了公司的董事长和总经理后,李安越想心里越不服气,感到建厂之初他的功劳最大,他付出的最多,总经理的位置应该是他的。于是,李安便以功臣自居,该请示报告的不请示报告,不属于自己职权范围的事随意拍板,并在厂里拉拢了销售科科长、材料供应站主任、财务科科长等有实权的部门领导,结党营私,另立山头。张永不是薄情寡义之人,实在不忍心将这位当初与自己同甘苦、共患难的伙伴一脚踢到门外。后来,他想出了一个两全其美、圆满解决问题的办法。

张永先给李安换了一间办公室,表面上来看,李安的新办公室光线明亮、宽敞、透风,实际上已经远离模具厂的权力中心。之后,张永开始想方设法断绝李安的资讯来源。每当有重要的会议,或者商谈大型经营项目时,他总让李安出差,使其失去参与决策的机会,一些财务报告、业务报告不再给他过目。随后,他还采取明升暗降的方法,让李安担任全企业的高级技术总顾问和某分厂的厂长,这样就使他高升而无为。

李安不甘心自己的权力被剥夺,多次找省、市各级领导告张永的黑状。

最后,张永派李安到美国、日本等地去考察两个月。在这两个月期间,张永撤换了销售科科长、材料供应站主任、财务科科长等实权部门的主管,换上了一些自己亲自挑选的人选。当李安从国外考察回来时,顿时傻眼了。最后,他不得不主动提出提前退休。

方圆型管理者踢开"绊脚石"的方法有"软""硬"两种,"软"就是张永的做法,旁敲侧击,步步为营,直至将"绊脚石"搬开;"硬"的方法就是过去那些靠起义坐上皇帝宝座的君主,一旦掌握权柄,就将一起打江山、共患难的伙伴斩尽杀绝。现代方圆型的领导一般认为,用"软"方法比用"硬"方法好得多。

总而言之,方圆型经营管理者的总体原则是"外圆内方"。外圆内方表现在两方面:一是虚怀若谷,容纳别人从而获得众人的拥戴,柔于外表,从而迷惑敌手;二是刚正于内,具有镇住众人的气概,从而德威显露,声震朝野,叫人不敢违逆。

做人难,难做人。生活在这纷繁的世界里,做人真的很难,要做到人人喜欢更难。纵观世界历史,大凡能成就伟业者,无不是深谙做人之道。知道做人何时应该进,何时应该退,何时应该发脾气,何时应该深藏不露。那些成大事者,多是方圆通达,在危难时刻总能把做人的机智技巧运用得淋漓尽致。其实做人没有什么法则可遵,但做人的戒律却一定不能违背。

方圆智慧

做人既不要过分,也不要太怵;没事别找事,有事别怕事;既要懂得方圆,又要坚守做人的原则,这才是成功者的处世之道。

先做人，后做事

03　友有益损，择人而交

《论语·季氏》中有："益者三友,损者三友。友直、友谅、友多闻,益矣;友便辟、友善柔、友便佞,损矣。"意思是说,有益的朋友有三种,有害的朋友也有三种。结交正直的朋友、诚恳的朋友、见多识广的朋友,是有益的;结交谄媚逢迎的人、表面奉承而背后诽谤人的人、善于花言巧语的人,是有害的。因此,交友一定要慎之又慎。

要选准真朋友也并不那么简单,所以古人常有"相识满天下,知音能几人"的慨叹,对于"世味年来薄似纱""知人知面不知心"的炎凉世态痛心疾首。

有的人犯错误,栽跟头,除了主观上的原因,从客观上说,与交上了"损友"有很大关系。

西班牙作家塞万提斯说："重要的不在于是谁生的,而在于你跟谁交朋友。"也是在强调择友的重要。而毛泽东说的"朋友有真假,但通过实践可以看清谁是真朋友,谁是假朋友",则可以看做是教给我们的择友方法,即从实践中听其言,观其行,其所言所行合乎"同道"的"畏友""密友""益友"者,一般来说,可以称之为真朋友,其所言所行堕入"同利"的"昵友""贼友""损友者",自然便是假朋友。是真朋友,自然可交、当交。是假朋友,则应毫不犹豫地与之"息交以绝游"。否则,近墨者黑,染于苍则苍,便悔之晚矣! 有《结交行》诗曰:

种树莫种垂杨枝,结交莫交轻薄儿;

杨枝不耐秋风吹,轻薄易交还易离。

此正是:"友也者,友其德也。"戒之慎莫忘!这就要求我们交友要有规矩,这样才能广交友,交好友。

三国时著名的北魏文学家嵇康,聪慧好学,博学多才,一时闻名于天下。

嵇康交友,更是讲究,常以竹量人,不三不四、不学无术、没有德性气节的人,不与交往。由于他有了名声,来拜访的人便有很多,他常常躲起来,不予会见。

有一天,当他正在竹林中写文章时,忽听到有人进了竹林,便拿起纸笔,想写几句拒客诗,结果刚写好一句,脚步声越来越近了,于是便扔下笔匆匆钻进密林深处躲了起来。来人名叫阮籍,也是个很有名气的诗人,他走近竹屋一看,空无一人,以为嵇康不在家,很是扫兴。转身刚要走,突然看见桌上诗笺上有行字,仔细一看,写的是"竹林深处有篱笆",墨迹还没有干。阮籍望着墨迹,思索着诗意,明白这是句拒客诗。阮籍嘿嘿一笑,提笔在那句诗的下面写了句"篱笆难挡笛声转"。写完,便拿起桌上的竹笛悠然地吹了起来。

这一吹不要紧,来找嵇康的人循声而来,一会儿就来了五个人,他们是山涛、向秀、阮咸、王戎、刘伶。那些人只见阮籍吹笛,不见嵇康,便向阮籍询问嵇康的去处。阮籍向桌上的诗笺努了努嘴,一语不发,微笑着只管吹他的"高山流水",大家一见诗笺便明白了,于是一人一句联起诗来。

嵇康躲在暗处,原想来人见不到他就会走的,谁知来人不但不离开,反而越来越多,万般无奈下,只好出面相会了。走近诗笺来看,只见上面写着:

"竹林深处有篱笆,篱笆难挡笛声转。笛声换来知音笑,笑语畅怀疑

13

先做人，后做事

笔端。笔笔述志走诗笺,笔笔录下珠玑言。箴语共话咏篁句……"

嵇康一看联诗每句起头之字都是竹字头,心想:来人都是有才之人,值得一交。于是便提笔在下边添了句:"篁篁有节聚七贤。"从此以后,这七个人就成了好朋友,史称"竹林七贤"。他们经常在竹林里聚会,无话不说,无所不谈,相互间结下了深厚的友谊。

交朋友,建立友情,要有自己的选择,要经过自己认真的思考。与有操守、有才能的人交朋友,对自己是一种帮助和提高;与行为不良的人交朋友,不但不会帮你,反而会损你、害你。善交益友,不交损友,乐交诤友,这是交友的三大原则。择友,慎之又慎确是明智的保身之举。

方圆智慧

友谊是人生的一种需要,思想上互相欣赏,品行上互相砥砺,学识上互相帮助,事业上互相支持,生活上互相关心……但是,友谊的前提是要善于择人。与谄媚、奸佞、虚浮的人交往,就如同良木与山火相近,其结果可想而知。但与正直、诚信、多知的人相亲近,却能提高自己。

04 学会忍耐，低调做人

人生在世,尤其在关系复杂、利害重大的时候,总是会遇到种种不顺心的事情:不公、冷遇、误解、诋毁、陷害。这些不顺心有时候会对自己固有的原则和利益造成损害,对于如何对待这些不顺心,每个人都有不同的做法。有人主张坚持自己的原则，宁折不屈；有人主张以其人之道还治其人之身。而正确的做法是，以忍来化解矛盾，或以忍来等待时机。

"忍辱"，是良药，但是苦口。能忍的人，走到哪儿，都是海阔天空；不能忍的人，走到哪儿，都是对立冲突，最后受伤的一定是自己。很多人在小事上跟别人争个头破血流，可以算得上是得不偿失。方圆者懂得权衡利弊，他们重视大利，不夺小利，当争则争，当忍则忍。他们不仅要忍自己，还要忍他人的所作所为。因为能忍，所以时时能清楚明白自己的角色分工，人际互动关系就能圆融，人格、行事也就不会偏斜。

西汉时期的淮阴侯韩信受胯下之辱的故事妇孺皆知。韩信是淮阴人，自幼不农不商，又因家贫，所以衣食无着，想去充当小吏，却因没有一技之长，也未被录取。因此终日游荡，常常依靠别人糊口度日。当时下乡南昌亭长见韩信非凡夫俗子，因此很喜欢跟他交往，还常常邀他去家里吃饭。吃多了，也就惹得亭长的妻子厌烦。于是，亭长的妻子提前了吃饭的时间，等韩信到了，碗已经洗过很久了。韩信知道自己惹人讨厌，从此便不再去了。他来到淮阴城下，临水钓鱼，有时运气不佳，所获并不能果腹。那里正巧有一个临水漂絮的老妇人，见韩信饿得可怜，每当午饭送来，总分一些给韩信吃。韩信饥饿难耐，也不推辞，这样一连吃了数十日。一日，韩信非常感激地对漂母说："他日发迹，定当厚报。"谁知漂母竟含怒训斥韩信说："大丈夫不能自谋生路，反受困顿。我看你七尺须眉，好似公子王孙，不忍你挨饿，才给你几顿饭吃，难道谁还望你报答不成！"韩信听了，深感惭愧。

韩信受人赐饭之恩，虽受激励，但苦无机会。实在穷得无法，只得把家传的宝剑拿出叫卖，卖了多日，却没有卖出去。一天，他正把宝剑挂在腰中，沿街游荡，忽然遇到几个地痞，有个地痞有意侮辱他，嘲笑他说："看

先做人，后做事

你身材高大，却是十分懦弱。你若有本事，就拿剑来刺我，若是不敢，就从我的胯下钻过去。"说完，双腿一叉，站在街心，挡住了韩信的去路。

韩信注视了对方良久，然后慢慢低下身来，从地痞的胯下钻了过去。街上的人都耻笑韩信，认为他是怯懦之人。其实绝非韩信不敢刺他，因为他胸怀大志，不愿与小人多生是非，如果一剑把他刺死了，自己势必难以逃脱。所以，他审时度势，暂受胯下之辱。后来韩信跟随刘邦南征北战，屡建奇功，被封为淮阴侯，并诚心地报答了那个漂母。

同样是发生在楚汉相争时期的事件，项羽吩咐大将曹无咎坚守城皋，切勿出战，只要能阻挡刘邦15日，便是有功。不想项羽刚走，刘邦、张良便使了个骂城计，派兵城下，指名辱骂，甚至画着漫画，污辱曹无咎。这下子，惹得曹无咎怒从心起，早将项羽的嘱咐忘到九霄云外。他立即带领人马，杀出城门。殊不知，这正中了汉军的计谋。曹无咎的士兵刚度过汜水一半，汉军就强兵压境，迎头痛击，在水上把曹无咎打得溃不成军。

自古商场上同行是冤家。他们之间的明争暗斗、尔虞我诈之术，无不让人心惊胆战，甚至让人佩服他们的"方圆"之胆量。他们的"忍"功已经练到可谓炉火纯青的地步。

市场竞争中,同类产品抗衡,最容易导致企业间强者胜、弱者败的结果。然而,弱者若能巧用同中求异、以退为进的方圆战术,同样能找到一条生存发展的捷径。当然,这种让步不是盲目的屈服,而是在深入分析的基础上,意识到做出让步后,最终受益的是自己,才做出的选择。

　　20世纪80年代,英国规模较小的利物浦电气公司与实力雄厚的曼彻斯特电器公司同时生产汽油泵发动机。在曼彻斯特公司咄咄逼人的市场态势下,利物浦公司很快陷入困境。利物浦公司的决策者冷静地分析了双方实力、发动机市场的现状及趋势,毅然决定放弃与"曼彻斯特"同台竞争,转而按用户的不同要求生产各种特殊用途的汽油泵发动机。不论是结构、安装还是通风装配方面,这些发动机都各有特色,他们还设计了防爆用的金属硬壳。而"曼彻斯特"生产的发动机是标准和通用的,如另加防爆装置,其产品的成本和价格就会高出很多,并且型号单一,不能满足不同消费者的需要,这就自然让出了特殊的其他型号的发动机市场,从而使利物浦公司在同类产品的市场竞争中得以生存下来。

　　方圆经营者懂得,在商战中,当势均力敌的同行竞争起来,若是谁也不让谁,最后的结果只能是两败俱伤。因此,在权衡利弊之后,明智的一

先做人，后做事

方会主动做出让步，有时会取得意想不到的效果。

三井和三菱是日本名列前茅而又相互对立的两大财团。在一次业务竞争中三井遭到毁灭性打击，产品全部积压，资金周转不灵，要想扩大再生产几乎是不可能的。但是，三井还有一项技术革新为外人所不知。在讨论解救危机对策的高级会议上，不少人提出要以技术革新的转让来和三菱做最后的较量，并把现有产品以较低的价格卖出，以争得喘息的机会。

三井董事长益田寿并没有采纳大家的意见，而是利用三菱公司竞争得胜、不可一世的狂傲时机，他宣布三井公司停止营业，大量裁减人员。留下的人员只是原来的十分之一，同时还告知新闻界三井将改变经营方向。三菱集团不知是计，误以为三井已经垮台，自己已在竞争中取得了全胜，从而放心地以独家经营为基础，大大提高产品的价格。然而，就在三菱公司得意忘形之际，三井正集中全力把新技术应用到产品上来。三井留下的人员全部都是科技骨干，两个月后，三井新技术转产试验成功。于是，大批新产品铺天盖地般地压过来，迅速成为全日本的抢手货，而且价格还略低于三菱公司的产品价格。三菱公司产品全部滞销，在这场竞争中失利了。

方圆者懂得，有时候为了做成一件事，不妨先答应对方一些条件，以麻痹对方。然后再绕回头跟他讨价还价，或者攻其不备改变局面，时过境迁，对方不一定会咬得住。

方圆智慧

方圆经营者不会只顾眼前盈利的"面子"，因为那就像桌上摆放的花瓶一样，好看但并不实用。为了长久的利益，必须具备高深的方圆功夫，暂时赚钱少的干,暂时不赚钱的也要干！以己之长攻人之短,在市场上你就会所向无敌,无往不利。

05　揣着明白装糊涂

　　方圆者不仅具备优秀的硬件,还需要有良好的心理素质和沉着应战的能力。他们知道有些事情尽心去做就够了,没必要挑明,因为他们的如意算盘早已打好,表面上让人看起来糊涂至极,其实他们的心胸似水一般沉静而深不可测。他们考虑的是长远的、更大的利益,计划详尽而周密,遇事不会自乱阵脚。

　　有人做过统计,世界上80%的财富掌握在20%的人手里,这是一个真理。那么,为什么只有少数人可以成为富人呢？因为只有少数人能够敏捷地抓住商机。

　　1955年,包玉刚筹集了70多万美元,专门到英国买回了一艘已经使用了28年的旧货船,成立了环球航运公司,开始了经营船队的生涯。当时,世界航运界通常按照船只航行里程计算租金的单程包租办法,即每跑一个航程,就同租用船只的人结算一次。这样不但收费标准高,而且可以随时提高运价。

　　然而,包玉刚并不打算为暂时的高利润所动。他坚持采用低租金、长期出租的稳定经营方针,避免投机性业务。这在经济兴旺时期的许多人看来,他实在是"愚蠢之举"。许多人都劝他不要"犯傻",改跑单程。他

先做人，后做事

的回答是："我的座右铭是宁可少赚钱，也不去冒险。"

其实，包玉刚心里早已盘算得非常清楚：靠运费收入的再投资根本不可能迅速扩充船队，要使自己的航运事业迅速发展，必须依靠银行的低息长期贷款；而要取得这种贷款，则必须使银行确信他的事业有前途，有长期可靠的利润。因此，他把买到的一条船以很低的租金长期出租给一家信誉良好、财务可靠的租船户，然后凭这份长期租船合同，向银行申请到了长期低息贷款。

依靠这些长期、可靠的贷款，包玉刚发展壮大了船队。本着长期、稳定的方针，他只用了20年的时间，就把公司发展成为拥有总吨位居世界之首的远洋船队，登上了世界船王的宝座。

方圆者表面上给人不思进取、碌碌无为的印象，其实他在用功，他先隐藏自己的才能，掩盖内心的抱负，以便等待时机，筹备实施计划，而不露声色。古代兵书告诉我们，真正善于打仗的，决不会炫耀自己的智谋和武力。

清代著名的扬州八怪之一郑板桥的一生中，皓首穷经，没有从圣贤书中学到多少人生真谛，却从世态炎凉和官场丑恶中总结出了一句至理名言——难得糊涂。

中国古代的道家和儒家都主张"大智若愚"，而且要"守愚"。孔子的弟子颜回会"守愚"，深得其师的喜爱。他表面上唯唯诺诺，迷迷糊糊，其实他在课后总能把先生的教导清楚而有条理地讲出来，可见若愚并非真愚。大智若愚的人让人感觉其虚怀若谷，宽厚敦和，不露锋芒，甚至有点木讷。然而，在若愚的背后，隐含的是真正的大智慧、大聪明。

孔子年轻时，曾受教于老子。老子对孔子说："良贾深藏若虚，君子盛德容貌若愚。"意思是说，善于做生意的商人，总是隐藏其宝货，不叫人轻易看见。君子之人,品德高尚,容貌却显得愚笨拙劣。

因此,老子警告世人:"不自见,故明;不自是,故彰;不自伐,故有功;不自矜,故长。"即不自以为能看见,所以能看得分明;不自以为是,所以是非昭彰;不自我炫耀,所以大功告成;不自高自大,所以为天下之王。

这种处世态度包括了愚者的智慧、隐者的利益、柔弱者的力量和真正熟知世故者的简朴。这种境界的达到,往往是一个高尚的智者在人生的迷恋中幡然悔悟后得来的。

装"糊涂"有时候也是一种无奈之举,特别是当弱者面对强大的敌人时,装糊涂就成为一种重要的智慧了。

1864年,在日本的德川幕府时代,西方列强对日本虎视眈眈,他们以武力要挟日本签订割让日本彦岛的条约。日本方面派高杉晋作为谈判代表。为了国家的安危,高杉晋作尽自己的能力与列强在谈判桌上周旋。在签字仪式上,高杉晋作滔滔不绝地说:"我日本国,自从天照大神以来,就……"把日本的历史一一述说出来。历史文字一般高深难懂,倘若再译成其他语言,则更要费时费力。因为高杉晋作的这一作法,翻译大为头痛,很多地方不知如何用英语表达,而西方列强代表听得更是云山雾罩。

先做人，后做事

最终,谈判无法再继续下去,据说签字之事也就不了了之了。

社会是一个大家庭,每个人都有自己的缺陷,对于别人的缺点,我们有时候也需要"糊涂"一点。这种对人们缺点的"糊涂",是一种难得的糊涂。有时候,"糊涂"是日常生活中不可或缺的一个音符,"糊涂"是为人处世时刻都用得上的。

这里所说的"糊涂",是指在待人接物时,装装糊涂,讲点艺术。

"大勇若怯,大智若愚",这是苏轼的观点。苏轼在《贺欧阳少师致任启》中说:"力辞于未及之年,退托以不能而止,大勇若怯,大智若愚。"对于那些不情愿去做的事,可以以智回避。本来有大勇,却装出怯懦的样子,本来很聪敏,却装出很愚拙的样子,如此可以保全自己的人格,同时也可不做随波逐流之事。真正聪明有大勇的人未必要大肆张扬,徒有其表,而要看其实力。明代大思想家李贽也有类似的观点:"盖众川合流,务欲以成其大;土石并砌,务以实其坚。是故大智若愚焉耳。"

成功的道路并不是笔直平坦的,它是由许多曲折和迂回铸成的。聪明的人在不能直达成功彼岸的时候,就会采取迂回前进的办法,不断克服困难,最终走向成功。因此,当我们面临困难,面对无奈和尴尬时,不妨装装糊涂,只有这样,成功才会属于你。

"糊涂战术"在商战中常能有效地迷惑对方,使对方麻痹大意,从而抓住时机,出奇取胜。

在企业管理上,上司对待下属的宽容,同样也是对"糊涂"方圆战术的灵活运用,这同时也是每个领导应具备的素质。没有一个下属愿意为那种凡事都斤斤计较、小肚鸡肠,对一点小错抓住不放,甚至打击报复的领导去卖力办事。

俗话说:"将军额头能跑马,宰相肚里可撑船。"当领导的要能容人、容事、容得不同意见、容得下属的错误。尽可能地原谅下属的过失,这是一种重要的笼络手段。对于那些无关大局的事情,领导者不可同部下锱铢必较,要知道,对下属的宽容大度,可以使下属忠心耿耿地为自己效力,从而为事业的发展奠定良好的基础。

曹操,字孟德,小字阿瞒,沛国谯人,东汉末年杰出的政治家、文学家、军事家、统帅。他官至丞相,封魏王,谥武王,其子曹丕称帝后,追尊武皇帝,史称魏武帝。曹操自幼机警,有胆识,人称一代枭雄。曹操戎马一生,用兵灵活,擅长选帅用将,治军严整,赏罚分明。有一次,他的爱马受惊踏入麦田,曹操当场割下自己的一绺头发代替首级,以肃军纪。他善于用谋略,对将士体恤入微,以此赢得了军心,为自己统一北方打下了基础。

公元199年,曹操与实力最为强大的北方军阀袁绍相拒于官渡,袁绍拥众十万,兵精粮足,而曹操兵力只及袁绍的十分之一,又缺粮,明显处于劣势。当时很多人都以为曹操这一次必败无疑了,曹操的部将以及留守在后方根据地许都的很多大臣为保全自己,都纷纷暗中写信给袁绍,准备一旦曹操失败便归顺袁绍。

相拒半年多以后,曹操采纳谋士许攸的奇计,袭击了袁绍的粮仓,一举扭转了战局,打败了袁绍,这可让那些给袁绍写信的人傻了眼,既怕事情败露,自己的信件被曹操看到而遭到杀身之祸;又心存侥幸,希望大乱之中信件丢失。

然而,曹军在清点战果的时候,还是发现了这一大捆通敌信。一位官员抱着这些信件,急匆匆地来向曹操汇报:"袁绍仓皇逃走,留下不少东西,其中有一些信件是暗地里写给袁绍的,有人明白表示要离开主公,投奔袁绍。"

曹操的亲信得知这些信的内容后都很生气,有的说:"吃里爬外,这还

先做人，后做事

了得！应该把他们抓起来！"

有的说："杀一儆百，看谁以后还敢向敌人投降。"

曹操也非常气愤，他想："这些不忠不孝不仁不义的东西，在我最困难的时候竟然要离我而去，不杀了他们不足以平息心中的怨恨。"但曹操毕竟是一代英雄，他转念一想："这里面有很多自己的爱将和谋士，如果把他们都杀掉了，我拿什么来争夺天下啊？这不是自断手足吗？"想到这里，他胸中释然了，命人把文武百官召集起来，对他们说："我这里有一些从袁绍营中收缴的密信，但是，我并不感兴趣，把它们统统的都烧掉吧。"

文武百官们有的抬头看了看曹操，有的身子突然颤抖了一下，有的脸上流下了汗水。

"真的不查了？"有人轻声问。

"是，不查了！"曹操说，"以后大家只管一起打天下，打江山就是了。"

此举让那些写信投降的官员们大为震惊，他们对曹操的宽宏大量十分钦佩，都愿意从此以后全心全意为他效力。

不查内奸，似乎糊涂，但实质是精明至极。曹操的做法不仅使那些本以为要杀头的官员非常感动，从此自是竭尽全力为其效命，而且旁人也觉得曹操度量大,愿意在其麾下效力。

从这里,我们不仅看到了曹操的宽宏大度、远见卓识,也可以洞悉他驾驭部下,使部下以死为他效命的高超手段。

现代商场上,方圆之术被人们广泛地运用。聪明睿智的方圆经营者往往拥有众人皆醉我独醒的自信,他们坚信自己的行销策略是正确的,不顾众人的非议,坚持到底,这样的行销者便是把"糊涂"发挥到了极致。

微软公司作为全世界最大的软件公司,其 WINDOWS 系统在 IT 行业一直处于全行业的垄断地位。然而,正是由于微软始终站在全行业无可匹敌的霸主地位上,以至于蜷缩在微软大树下的中小型公司无法生存。因此,他们联合起来状告微软公司破坏了公平竞争的原则,使得竞争无法产生,造成创新意识的衰退,损害了国家的利益以及消费者的利益。

全世界90%的电脑都在使用微软的 WINDOWS 视窗作业系统,而所有的应用程式如果不与微软的程式相容,便无法在市场上立足。与此同时,为了进一步占领市场,微软公司还推出了捆绑式销售,将微软自产的 OFFICE 等办公软件与 WINDOWS 视窗作业系统一起出售。这样一来,就使得其他的软件商根本无法在市场上立足,微软极大地伤害了自由经济环境下的公平竞争原则,这就难怪全世界的软件行业和消费者都把微软视为可爱又可憎的 IT 巨鳄,对其既无奈又割舍不得。

尽管遭受了如此多的非议,状告微软的人也越来越多,但是盖茨却不为所动,依然我行我素,按照自己的意愿全力发展他的软件帝国。他坚信只要全世界90%的人还在用他的微软视窗,那么,无论是法官还是美国政府都不能把他怎么样,这就是盖茨所仰仗的筹码。

先做人，后做事

在全球的非议之中，在无数的起诉之间，盖茨装聋作哑，继续进行他的强势销售，使得微软公司成为股票市值达上千亿美元的超级巨头，而盖茨本人也连续数年登上全球首富的宝座。盖茨向全世界的行销者证明了事实是检验真理的最佳办法，微软用事实证明他们是最赚钱的 IT 公司，这一点即便是他的敌人也不得不承认。

然而，在现实中能够顶住压力、坚持自己信念的人并不多，因为这些压力与非议可能来自于你的直接领导、下属，甚至是投资人。在他们的非议之下如何坚持自己的信念便成了最困难的问题。这需要拥有最坚强的信心，要么尽力说服他们，要么就装聋作哑，坚持自己的信念，让别人去说。

兵法有云："上兵伐谋，夺气为伐谋之本。"当你陷于被动境地的时候，为了拖延时间，找出对方的破绽，或者故意装作不懂、不明白，让对方放松警惕，消磨对方的锐气，这样便利于己方的反击。

方圆智慧

方圆智慧中的"糊涂"战术是指有选择的而非盲目的糊涂，并且也不能毫无反应，要积极地让别人理解你，并且以最快的速度做出成绩，才能使反对之声戛然而止。

06　恐捧结合，应对自如

方圆者为了达到目的，总是想尽一切办法，"恐"就是其中手段之一。

与"捧"相对,使用"恐",等于把自己由被动变为主动。精明的方圆者会利用人们"求胜心切"的心理,采取各种办法"牵着别人的鼻子走"。

日本本田汽车公司的汽车销售状况一直都很好,这当然应归功于本田汽车的质量和性能都十分可靠。但是除此之外,必要的营销手段也是不可或缺的。

俗话说:"物以稀为贵。"越是少的东西,人们就会觉得它越珍贵,这是人们的普遍心理。在出手阔绰的日本消费者眼里,似乎有钱也难买到的商品才是更具有购买价值的。因此在许多人的心目中,市场上紧俏的产品是最好的产品。在开拓市场时,本田汽车公司就经常利用人们的这种心理,采用限量销售的办法,而每次都会取得出人意料的市场效果。

1991年,本田汽车公司推出一款名为"费加洛"的、具有"古典浪漫风采"的中古型轿车。为了使该车能以高价在市场上畅销,丰田公司经过精心策划,反复论证,最后决定召开一次新闻发布会。在会上,他们宣布了一条出人意料的消息:费加洛车只限售两万辆,以后也不会再生产,并只在一定时间内接受预订,然后抽签发售。在这种情况下,即使预订也无法保证就能中签。就这样,客户的胃口被高高地吊了起来。

消息传出后,在日本上下引起一阵轰动,前去申请订购该车的人超出了30万。能中签买车的人当然欣喜万分,而没有中签的人则千方百计去搜寻二手车,令二手车的行情比原价高出一倍。在这次促销行动中,本田汽车公司大获成功,当年本田汽车公司的产量累计达400万辆,营业额达400亿美元。

这次成功策划就在于有效地运用了方圆中的"恐"字法则,进行限量销售。同时能够在明的限量下暗中抬高价,以限量来掩饰获取高利润的目的,从而获得了最大的经济效益。

先做人，后做事

在现代社会中，精明的商家总是会把"恐"字当做一种主要的销售手段。他们会刻意营造出一种紧俏、抢购的氛围，令消费者争先恐后地购买，以求得最大的收益。

万事发是日本万事发公司生产的名牌香烟。过去，万事发公司只是一家默默无闻的公司，直到20世纪80年代末才一下子红了起来，而且不是在日本，而是在欧洲。

欧洲的烟草广告泛滥，要在欧洲立足，打开市场，谈何容易？且不说大名鼎鼎的名牌烟，如555、万宝路、希尔顿、沙龙等，普通的香烟种类也达70多种。何况吸烟人一旦吸上某种烟后就很少再更换其他牌子。万事发能在欧洲市场找到自己的立足之地吗？

雷吉斯·汉诺是英国一家电视台的政治评论员，每星期四晚上都在伦敦市的电视上出现。他平均每天就要抽掉一包香烟，而他习惯抽的牌子是本国产的一种香烟。

有一天，一个年轻人请求拜访他，他此行的目的正是给汉诺送免费香烟来的。年轻人告诉汉诺，这是日本生产的万事发香烟，其他的两个电视节目主持人也都非常喜欢这种万事发香烟。年轻人继续说道："我们只送给像您这样有名气有身份有地位的人。我们公司每月都会准时寄2条万事发香烟到贵府的，如果不够还可多赠。"

年轻人留下两条万事发香烟便告辞了。

一个月后，汉诺果然收到了2条万事发香烟，还有一份随烟一起寄来的调查表。从此以后，汉诺就用万事发香烟代替原来的香烟了。

有一些被万事发公司"忽略"的名人，他们为了也获得这种"专给名人抽的烟"，主动打电话给万事发公司。一时间，"万事发"成了名气的象征。

短短的几个月后，万事发的代理商便遍及欧洲大小120多个城市。万事发公司每月要支付这些烟的费用高达1200万日元，加上开设代理商的费用，每月总共要支出2000万日元以上。

先做人，后做事

"这完全是孤注一掷的赌博，风险太高了。2000万日元，单向支出，太奢侈了！"董事局会议上有人提出异议。

"这可是全体董事们一致通过的方案啊！"欧洲事务总裁、美籍华人罗伯特·歇尔反驳道。

"关于目前的情况，我想请来自伦敦的代理商威克尔给大家说说伦敦的情况。"罗伯特身边的一位年轻人站起来了，他就是送香烟给汉诺的人。他说：

"伦敦一共有38位名人免费获得我们的香烟。他们分布在各行各业，有电视节目主持人、足球教练、科学家、作家等，还有白金汉宫的一个画师，伊丽莎白女王非常欣赏的点心师。白天我们也经常收到几个或几十个自称是名人的电话，要求我们也免费送烟给他们，但更多的电话和来信是询问，哪里或如何才能买到万事发香烟，或询问万事发和别的烟的不同之处。我们上个月销售量已增长到93条，而且大多数的购买者是有身份的人或白领……种种迹象表明，我们的赠烟活动取得了很大的成功。"

接着，又有几个城市的代理商作了汇报，都表示效果令人满意。

于是，万事发公司成倍地增加香烟投放量。两个月后，许多城市的市面上已随处可见万事发香烟了。同时，关于万事发牌子的广告也如雨后春笋般地冒了出来。这时，万事发的日销售量达到了2000条的新纪录。

随着万事发频频抛头露面，几乎是同一天，那些免费消耗万事发香烟的名人意外地没有收到赠烟。只有一个传单的启示，声称：由于公司的流动资金出现困难，不得已中断赠烟。以后各位随便走出家门就可买到这种烟，见谅。

停赠香烟后，万事发的销量又翻了一倍，达到每日5000多条的销量。此后，这个数字还在飞速增长。

万事发公司成功地运用了"恐"字妙法,并利用名人效应,吸引人们对万事发香烟的好奇心。随后,又采用香烟短缺来恐吓急于求购的顾客,而不用诸如资金、管理方式、生产等问题来回绝。兵不血刃地击败对手,达到目的,正显现了万事发高超的"恐"字功夫。

方圆经营者采用"恐"字功夫时,必须先找到可"恐"之人,当你面对的是一个消费群体时,必须运用敏锐的观察力,找出这一消费群体对于你所行销商品的关注点在哪里,是价格、质量,还是赠品的多寡?只有找到了这个关注点,你才能找到消费者的死穴。在这个死穴上轻轻点一下,便会促使消费者迅速做出购买决定,这便是行销恐吓的精华所在。

同时要切记,无论做什么事情,都应该把握住分寸。过火地恐吓必定会招来消费者的反感,这就需要你对事情进程的把握恰到好处。而要做到这一点,便需要拥有敏锐的观察力、广博的知识以及战略的眼光,只有这样,才不会伤及自身,才能收到意想不到的行销奇效。

方圆智慧

方圆经营者在经济交往中,也善于使用"恐",把自己由被动变为主动。他们会采用各种办法"牵着别人的鼻子走"。

07　方圆为人,兼济天下

《孟子》曰:"穷则独善其身,达则兼善天下。"意思是说,不得志时就

先做人，后做事

洁身自好修养个人品德，得志时就使天下都这样。其中，"兼善天下"就是我们所说的"兼济天下"，对于方圆者来说，"兼济天下"的胸怀，多为人们谋福利，这才是至高无上之道德。

作为国家大权的掌握者，中国古代的帝王值得推崇的人之中首选唐太宗李世民。虽然从武力上来讲，成吉思汗征服天下，汉武帝开辟边疆和秦始皇统一的功绩都无可比及，但人类历史不能以武力为标准。

在平定隋末民变时，李世民就已表现出非凡的才能，使唐高祖李渊为挑选合适的继承人而煞费苦心。同时，在战争过程中，李世民得到了一班能征善战、谋略过人的部下，如尉迟敬德、李靖、房玄龄等，这就大大加强了他与太子李建成争夺帝位的能力，终使兄弟两人为争得帝位而进入白热化阶段。

武德九年六月四日（公元626年7月2日），秦王李世民向李渊告发李建成和李元吉的阴谋，李渊决定次日询问二人。李建成获知阴谋败露，决定先入皇宫，逼李渊表态。在宫城北门玄武门执行禁卫总领常何本是太子亲信，却被李世民策反。6月4日，李世民亲自带100多人埋伏在玄武门内。李建成和李元吉一同入朝，待走到临湖殿，发觉不对头，急忙拨马往回跑。李世民带领伏兵从后面喊杀而来。李元吉情急之下向李世民连射三箭，无一射中。李世民一箭就射死李建成，尉迟恭也射死李元吉。东宫的部将得到消息前来报仇，和李世民的部队在玄武门外发生激烈战斗，尉迟敬德将李建成、李元吉二人的头割下示众，李建成的兵马才不得已散去。之后，李世民跪见父亲，将事情经过上奏。两天以后，唐高祖李渊下诏将李世民立为太子。八月，唐高祖禅位而为太上皇，李世民登上帝位，是为唐太宗。第二年年初，唐太宗改元贞观。

唐太宗在位期间，除政治、军事方面有卓越成就外，在社会、文教方面

都有更张。在社会方面,鉴于士族仍然垄断高官之途,为了平抑门第,也为了给国家提供更多的人才,唐太宗一方面命高士廉选《士族志》,以"立功、立德、立言"为标准,重新评估士族,无功德者一律除名;另一方面,承袭隋代的科举制度,选拔人才。

唐太宗任用贤能,从善如流,闻过即改,他还视民如子,不分华夷,从而开创了"贞观之治"的盛世局面,成为千年称颂的好皇帝。

方圆者在牟取私利时,手段无所不用,但拥有天下并不代表就拥有了民心,拥有财富也不代表就拥有了天下。人们并不景仰"富人",而是景仰那些对社会有所回馈的"富人"。他们在功成名就时不忘反哺社会,承担一份社会责任。投入的是善款,产出的是社会效益,回报的是全民利益。

在商界,犹太人深谙经商之道,把经商的绝妙之处可谓演绎到了完美极致。

曾经有人花了25年的时间研究犹太超级富翁的生活,发现他们对金钱方面的态度很值得我们学习:"获得金钱的最有效的方法,就是先捐钱。只有做到这一点的人,才有可能成为最富有的人。"

先做人，后做事

你可能时常发现，事业有成的犹太人在商场上是一个古灵精怪的冷面杀手，但在另一方面，对需要帮助的人而言，他们却拥有一颗最温柔的心。犹太人人数稀少，但所奉献的金钱却高得让人难以置信。尽管在一般人的印象中，犹太人是很吝啬的，但事实上，犹太民族是最有善心的民族之一。

在美国，美籍犹太人的力量相当强大，主要原因是他们善于组织和动员经济力量。他们的慈善捐赠不但支持散布世界各地的犹太人，也协助个别犹太人在经济上前进。《塔木德经》中写道："你能够施舍多少钱，就会拥有多少财富。"在整个犹太族裔中，施舍使他们变得更有钱。

在1997年，犹太人的全部捐赠金额大约有45亿美元，其中15亿美元捐给包括犹太联合捐募协会之类的团体组织；20亿美元捐给犹太教会；7亿美元捐给以色列；2.5亿美元捐给教育、宗教等机构。在美国最慷慨的捐款人中，犹太人十分突出。1999年4月，在美国《价值杂志》列出的当年100个大善人中，有35位是犹太慈善家。这本杂志的排行榜特别有意义，因为其中计算了已经动用的终身捐赠金额。排行榜中，高居榜首的是犹太商人索罗斯，他的慈善捐赠已经超过20亿美元。

世界首富、微软总裁比尔·盖茨在生意场上凶狠霸道，独断专行，商业手段无所不用其极，每每令对手胆战心惊，然而在慈善事业上他却异常宽厚。多年来，他与妻子美琳达的分工相当明确：丈夫挣钱，妻子捐钱。盖茨—美琳达基金捐资主要集中在美琳达最关注的两个领域：少儿医疗保险和教育。在美琳达看来，这是缩短贫富差距的关键。

1993年秋天，盖茨和美琳达到非洲旅游，当地人民的极度贫困让盖茨震撼。感慨之余，他扪心自问："我能为他们做些什么？"老盖茨对儿子说，可以建立基金会，开展慈善工作。盖茨欣然答应，建立了9400万美元的基金会。

2003年,美琳达·盖茨与丈夫比尔·盖茨再次走进非洲,到多家医院进行参观访问,与医护人员及艾滋病、痛症、疟疾等重症患者亲切交谈。盖茨重申:"有生之年,我们打算将价值400多亿美元的财富全部捐献给社会。"

2004年7月,盖茨做出惊人之举,他决定将30亿美元的微软股票红利投入"盖茨—美琳达基金会",这成为美国历史上最大的一笔捐款。同时,盖茨也赢得了世界上"最乐于慈善事业的人"的称号。至此,盖茨已将他37%、价值283亿美元的财富用于各种公益事业。

同样,我国的许多企业家如李嘉诚、霍英东等也都以产业报国、实业兴邦为己任,在发展自己企业的同时,时刻不忘回报社会,让自己的企业深深地扎根于社会,同时也为自己的企业带来了旺盛的生命力。

方圆智慧

方圆者达要兼济天下,以方圆之手段图谋众人之公利,众人得利,方圆者当然得利,不言私利而私利自在其中。方圆者为众人谋利,实乃无上之美德,不朽之盛事。

第二章

方法圆融,能言善辩

　　一个人说话的水平代表着他做事的水平,决定着他成事的高度。就说话而言,方则针锋相对、有理有据,圆则通融达变、八面玲珑。方圆互用,于小处可广交友、赢人气,于大处可惊天地、泣鬼神。

先做人，后做事

01　融洽从学会倾听开始

学会倾听,对于每个人来说都是很有意义的。

根据人性的知识我们知道,人们往往对自己的事情感兴趣,对自己的问题更关注,更喜欢自我表现。一旦有人专心倾听我们谈论我们自己时,就会感受到自己被重视。这是一种十分微妙的自我陶醉的心理:有人愿意听就觉得高兴,有人乐意听就觉得感激。

很多人在和别人谈话时,总喜欢自卖自夸,喋喋不休,让对方在大多数时间里都听自己说,不放过任何一个表达自己思想的机会,以为这样就能说服对方。在方圆者看来,这种做法是错误的。说话从来就是两个人的事情,我们需要通过谈话,来了解别人、说服别人,其最基本的前提是让对方也有足够的机会表达自己。在大多数时候,他对自己的了解比别人多很多,而且如果你给他的印象是表现欲太强,那么他就可能会认为你对他丝毫不在意,因而也会对你所说的内容不予关注。因此,你应该善于倾听别人的话语,掌握高超的方圆说话艺术。

此外,倾听是解决冲突、矛盾、处理抱怨的最好方法。一个牢骚满腹、怨气冲天,甚至最不容易对付的人,在一个有耐心、同情心的倾听者面前常常会软化而通情达理。

戴尔·卡耐基到处演讲,举办讲座。来听的人成千上万。他们中有大学教授、大学生、商业管理人员、市民等,还有不少是社会上的知名人士。卡耐基的演说获得了极大成功。

他的演说的成功不仅仅是他的学识渊博,旁征博引,妙语连珠,更主要的是他把他的理论——演讲、交际的各种技巧——巧妙地融合到他的演讲之中,常常打动了听众的心。

卡耐基的名声远播到欧洲,欧洲的有些地方就邀请他去作演讲,卡耐基有了一次欧洲之行。

从欧洲回来之后,一天,卡耐基的朋友邀请他参加桥牌晚会。

在这个晚会上,只有卡耐基和另外一位女士不会打桥牌,他俩坐在一旁便闲聊上了。

这位女士知道卡耐基前不久刚去过欧洲,于是就对卡耐基说:"啊,卡耐基先生,你去欧洲演讲,一定到过许多有趣的地方,欧洲有很多风景优美的地方,你能讲讲吗?要知道,我从小就梦想着去欧洲旅行,可是到现在我都不能如愿。"

听完这位女士的开场白,卡耐基就知道这位女士是一位健谈的人。他知道,如果让一位健谈的人长久地听别人讲他到过的许多风景优美的地方的情况,那就如同受罪,心中定是憋着一口气,并且不时要打断你的谈话,或者对你的话根本毫无兴趣。他明白这位女士想从自己的话中寻找一些契机好帮助她能够开始自己的谈话。

卡耐基刚进晚会时听朋友介绍过她,知道她刚从南美的阿根廷回来。阿根廷的大草原景色秀丽,到那个国家去旅游的人都要去看看的,而且每个人都有自己的一番感受。

于是他对那位女士说:"是的,欧洲有许多有趣的地方,风景优美的地方更不用说了。但是我很喜欢打猎,欧洲打猎的地方就只有一些山,是非常危险的。那里没有大草原,要是能在大草原上一边骑马打猎,一边欣赏秀丽的景色,那该多惬意呀……"

先做人，后做事

"大草原？"那位女士马上打断卡耐基的话，兴奋地叫道，"我刚从南美阿根廷的大草原旅游回来，那真是一个有趣的地方，好玩极了！"

"真的吗，你一定过得非常愉快吧。能不能给我讲一讲大草原上的风景和动物呢？我和你一样，也十分向往大草原呢。"

"当然可以，阿根廷的大草原可……"那位女士看到有了这么好的一个倾听者，当然不会放过这个机会，滔滔不绝地讲起了她在大草原的旅行经历。然后又在卡耐基的引导下，她接着讲了布谊诺斯艾利斯的风光和她沿途旅行的国家的风光，甚至到了最后，变成了她对自己这一生去过的美好地方的追忆。

卡耐基一直在旁边耐心地聆听着，并时不时地点点头鼓励她继续讲下去。那位女士一直讲了一个多小时，然后晚会就结束了，她余意正浓地对卡耐基说："卡耐基先生，下次见面我继续给你讲，还有很多很多呢！谢谢你让我度过了这样美好的一个夜晚。"

在这一个多小时中，卡耐基只说了几句话，然而，那位女士却向晚会的主人说："卡耐基先生真会讲话，他是一个很有意思的人，我非常愿意和他在一起。"

其实卡耐基知道，像这位女士这样的人，事实上根本不想从别人那里听到讲些什么，她所需要的仅仅是一双认真聆听的耳朵。她想做的事只有一件：倾诉。她很想把自己所知道的一切全都讲出来，如果别人愿意听的话。对于这种谈话者，最好不要自以为是，卖弄口才，堵住她们的嘴巴，那只会赢来打哈欠的嘴巴和厌烦的表情。

如果对方喜欢表现自己，你就尽量保持沉默倾听；等你发表你的意见时，他也会欣然地聆听了。通常打岔会令对方生气，以致阻碍了意见的交流。

倾听是你表现个人魅力的大好时机,你以你的倾听表示你对别人的尊重。卡耐基建议:"只要成为好的倾听者,你在两周内交到的朋友,会比你花两年工夫去赢得别人注意所交到的朋友还要多。"大卫·舒瓦兹在《大思想的神奇》一书中提到:"大人物独揽倾听,小人物独揽讲话。"

所以,在别人说话的时候,静静地听着,不时加以回应,如点头或者微笑,在对方没有讲完以前不去打断他,这是一件非常非常受欢迎的事。

心理学家已经证实:倾听可以减除他人的压力,帮助他人清理思绪。倾听对方的任何一种意见或议论就是尊重,以同情和理解的心情倾听别人的谈话,是维系人际关系、保持友谊的最有效的方法。

美国南北战争曾经陷入一个困难的境地,当时身为美国总统的林肯心中有来自多方面的压力。他把一位老朋友请到白宫,让他倾听自己的问题。

林肯和这位老朋友谈了几个小时。他谈到了发表一篇《解放黑奴宣言》是否可行的问题。林肯一一检讨了这一行动的可行和不可行的理由,然后把一些信和报纸上的文章念出来。有些人怪他不解放黑奴,有些人则因为怕他解放黑奴而谩骂他。

在谈了数小时后,林肯跟这位老朋友握握手,甚至没问他的看法,就把他送走了。

这位朋友后来回忆说:当时林肯一个人说个不停,这似乎使他的心境清晰起来。并且,林肯在说过这些话后,似乎觉得心情舒畅多了。

当时遇到巨大麻烦的林肯,不是需要别人给他忠告,而只是需要一位友善的、具同情心的听者,以便减缓心理上的巨大压力,解脱思想上的极度苦闷。

成为一名好的听众在企业界有很大的功效。倾听他人的声音,就能

先做人，后做事

真实地了解他人，增加沟通的效力。一个不懂得倾听的人，通常也是一个不尊重别人的观点和立场、缺乏协调性的人，这种人不可避免地会引起他人的反感。譬如说，一名推销员向某位顾客推销时，对顾客提出的种种问题表示关切，顾客就会感到很开心。见到此状，推销员应进一步表现出自己是很好的听众，此时，顾客不仅乐意讲，也愿意让你听他讲，这是一种互惠的关系，而这也是推销成功的第一步。无论是哪一种顾客，对于肯听自己说话的人都特别有好感。

一家食品公司的推销员刘先生深知倾听的重要性。一天，他带着自己的芦荟精来到一个顾客家里。他先把芦荟精的功能和效用非常详细地告诉了这位顾客，但是无论他怎么描述，对方始终无动于衷。等刘先生正准备向对方告辞的时候，突然看到阳台上摆着一盆美丽的盆栽，上面种着紫色的植物。刘先生灵机一动，向那位女士请教说："好漂亮的盆栽！平常似乎很难见到呢！"

"确实很罕见。它叫嘉德里亚，是兰花的一种。一般人很难见到它，它的美，在于优雅。"女士不无骄傲地解释道。

"的确如此。那会不会很贵呢？"刘先生接着问道。

"很贵。光这一盆就要800元。"女士从容地说。

"什么？要800元那么多？"刘先生故作惊讶地说。他一面又想："芦荟也是800元，大概有希望成交。"他于是慢慢地把话题转入了重点："那每天都要浇水吗？"

"是的，这么贵重的花，当然需要精心照顾。"

"那么，这盆花也算是您家中的一分子了？"刘先生还是饶有兴趣地问道。女士见刘先生这么有心，竟然开始倾囊传授关于养育兰花的学问，而刘先生也是聚精会神地听着。

过了一会儿,刘先生很自然地把自己的想法提了出来:"太太,您这么喜欢兰花,一定对植物有很深的研究。可以看出来,您是一个高雅的人。同时,您肯定也知道植物带给人类的种种好处。而我们的天然食品也正是从植物里提取的精华,是纯粹的绿色食品。太太,今天就当做买一盆兰花,把我的产品买下来吧!"

结果,女士竟然非常爽快地答应了下来。她一边打开钱包,一边还说:"即使是我的丈夫,也不愿意听我唠唠叨叨地讲这么多。你却愿意听我讲,还能理解我。改天,如果你养兰花遇到什么问题,可以随时来找我。"

可见,能成为一个好的听众,有助于建立融洽的人际关系,善于倾听等于向成功迈进了一大步。

在美国,曾有科学家对同一批受过训练的保险推销员进行研究。这批推销员接受同样的培训,业绩却差异很大。科学家抽取其中业绩最好的10%和最差的10%作对照,研究他们每次推销时自己开口讲多长时间的话。研究结果很有意思:业绩最差的10%,每次推销时说话的时间累计为30分钟,业绩最好的10%,每次说话的时间只有12分钟。

为什么只说12分钟的推销员业绩反而高呢?很显然,他说得少,自然听得多,听得多,对顾客的各种情况、疑惑、内心想法自然了解很多,他会采取相应措施去解决问题,结果业绩自然优秀。

日本的"经营之神"松下幸之助就特别善于倾听。他说,如果你手下的人提的意见、建议你都不听,那长此以往,他们就不愿再提了,脑子也不愿开动了。因为提了也没有用,听你的不就完了吗!这样做,手下的人还有积极性吗?智慧还能激发出来吗?显然不行,这样公司会死气沉沉的。

善于倾听,还能使你有好人缘。为什么?因为一般人喜欢讲,不善于

先做人，后做事

听。因此，他喜欢讲，你正好喜欢听，那自然是一种特别和谐、特别美妙的组合。

善于倾听，意味着要有足够的耐心对别人的话题感兴趣。如果你认为生活像剧院，自己就站在舞台上，而别人只是观众，自己正在将表演的角色发挥得淋漓尽致，而别人也都注视着自己。如果你有这种习惯，那你会变得自高自大，以自我为中心，也永远学不会聆听，永远无法了解别人。

从现在开始，多听多看别人，你将发现你比以往任何时候更受欢迎。

方圆智慧

专心听别人讲话的态度，是我们所能给予别人的最大赞美。倾听他人谈话的好处是：别人将以热情和感激来回报你的真诚。

02　说出的话不一定要兑现

在许多场合，很多人喜欢按照正人君子的标准来要求自己。然而，方圆者在思想上，却从来不被一些道德规范所束缚。

在方圆者看来，所谓的道德标准，只不过是人们为了维护这个社会不至于太乱而制定的，而这些事情交给总统、警察和军队去做就行了。他们所有的也是唯一的任务就是如何维护自己的利益，如何使自己的利益达到最大化。除此之外，他们什么也不在意。因此，在说话做事上，方圆者比大多数人更毫无顾虑，更游刃有余。

第二章 方法圆融，能言善辩

《孙子兵法》开宗明义第一篇中说道："兵者，诡道也。故能而示之不能，用而示之不用，近而示之远，远而示之近。利而诱之，乱而取之——攻其不备，出其不意。此兵家之胜不可先传也。"孙武这套声东击西、指南打北的谋略，千百年来指导了许多出神入化的大捷。

东汉建安五年二月（公元200年），袁绍准备南渡黄河进攻许都，消灭曹操，他派上将颜良为先锋率军攻打驻在白马的东郡太守刘延。

当时，袁绍已经吞并了公孙瓒，拥有青州、冀州、幽州、并州四州的地盘和数十万军队，势力非常强大。

曹操手下的将领听说袁绍要来攻打许都的消息后，都认为难以抵挡。曹操却说："我了解袁绍这个人，志向不小但才智不高，外表强悍而胆量却小，嫉妒刻薄又缺乏威严，兵强马壮但部署不明，将领骄横而政令不一。所以，他的土地虽然广博，粮食虽然丰富，却正好用来奉送给我们。"

话是这样说，但军情来报，白马已被颜良军队团团围住，情况十分危急。一旦白马失守，形势将极为不利，因此，曹操决定先解白马之围。

谋士荀攸对曹操说："现在我们的兵力远不如袁绍，如果直接去救白马，必然敌不过他。所以，应当分散他的兵力。"

曹操说："先生说得很对！但是，怎样才能分散他的兵力呢？"

荀攸说："丞相可率军西去延津，声称要渡过黄河攻打袁绍的后方，这样，袁绍必然会分兵来同我军对抗。然后，我们再派出轻骑部队突然回救白马，打他个措手不及，颜良的军队就可以被攻破了。"

曹操听后大喜，立即采纳了荀攸的计谋，挥师西进延津，一路上虚张声势。袁绍听说曹操西进渡河，果然也率领大军到延津阳截，决心与曹操决一死战。

曹操得知袁绍已经中计，便率领轻骑部队日夜兼程回救白马。距离

45

先做人，后做事

白马还有十多里的地方,颜良才知道自己中计了,一时惊慌失措,匆忙迎战。

那时,刘备刚被曹操打败,关羽为寻找刘备,也为了保护刘备的两位夫人,暂且委身在曹操军中,曹操派他与张辽做前锋。关羽一马当先与颜良对阵,曹操在山头上观看。只见那关羽奋然跃上嘶风赤兔马,倒提着青龙偃月刀,凤目圆睁,蚕眉直竖,直冲敌阵。颜良措手不及,被关羽手起刀落,竟然斩于万马军中。袁军没了首领,顿时大乱,曹军乘势掩杀,白马之围就这样被迅速解除了。

白马之围以"声东击西"之计化解,曹操说出的话、采取的行动不过都是障眼法。

现实生活中,尤其是碰到非常尴尬的场面时,解说、分辨不是好办法。这时只好避开这个话题,顾左右而言他。以子之矛攻子之盾,对方往往会措手不及,而自己则赢得上风。一个人的一切行为如果都被别人掌握,这个人肯定已经犯了许多低级错误。反过来,如果你施展飘忽不定的套路,就会让对方摸不着、猜不透,从而可以声东击西,左右开弓,打开一条成功的通道。

方圆经营者懂得,在商场竞争中,只要不触犯法律,只要还没有签订合同,说出去的话不一定要算话。

在美国,有一座连接布鲁克林和斯塔腾岛的维格扎诺大桥。大桥建成通车之前,因为交通便利,很多房地产商都很看好这个地方。当地也掀起一阵斯塔腾岛地价热,那里的地价被炒得沸沸扬扬。

有一位地产大王,人们说他具有一种不榨出对方最后一枚铜钱决不罢休的本事,他惯用的手法就是在谈判中"放低球"。

每次在谈判的初始阶段,他自己从不出面,而是派一名代理人来谈。这个代理人给人的印象是极好说话,无论是他提出的价格还是其他条件都十分吸引人,使对方产生胜利在望的飘然感,从而放松自己的警惕。当对方兴奋地进入正式谈判,以为可以签字成交时,地产商在这时会突然出现并告诉对方,他并不打算出这个价,他会使对方觉得这一切都是他的一厢情愿。接着,他就会提出一系列的新问题,把价码突然提上去,再加上许多的附加条件。"低球"放过了,他的目的就是使对方对他提出的条件产生麻痹,放松警惕,不再做进一步的充分准备。然后再突然把价码、附加条件搬上新的"平台",迫使对方在毫无准备的情况下就范,或者使谈判破裂,致使对方失去再找合作伙伴的宝贵时机。这位地产大王十分精于此道,据说他运用此法成功率极高,已经到了得心应手的水平。他认为运用此种方法的关键在于把握一定的"火候",既不能把对方逼得太过头,也不能让对方有一丝便宜可占。经常会出现这样的情况,眼看对方即将进入圈套的一刹那,他突然会推翻前面的提议,提出些新的条件。

兵形如流水。商战中每时每刻都可能发生意想不到的情况。像这位地产大王那种善于在事物变化的"临界点"把握对方思维脉搏,突然变卦,或讨价或加码的手法,真可谓是商战中"兵不厌诈"的老手了。

先做人，后做事

在商场上，各种各样的打折、促销、优惠券是方圆经营者招揽生意的有效手段。其实，几乎所有"打折商品""全市最低价的商品""清仓处理的商品""赔本大甩卖的商品"的价格仍和往昔一样高，"打折""降价"只不过是商家打出的一个美丽的幌子，它的目的无非还是促销自己的商品。正如珠宝大削价一样，顾客根本就不知道"削价"的珠宝其真实价格到底是多少。

而那些"免费赠送"的购物优惠券，美其名曰向消费者让利，其实只不过是商家的一种再次获利的手法，因为优惠给消费者的利润、广告费用以及优惠券的制作费用全都加到了提供优惠的商品的价格上。因此，优惠给消费者的利润是消费者以高价购买提供优惠的商品为代价获得的，说白一点，其实还是羊毛出在羊身上。

在一次次的"优惠大派送中"，精明的商家早已把顾客口袋里的钱赚到了，而顾客们却在不亦乐乎地抢购着，殊不知早已中了商家的圈套，还以为自己沾了商家不少的光。这是商家巧妙运用"方圆"的又一经典。

方圆智慧

方圆者认为，"达到目的比信用更重要"。方圆经营者虽然强调"讲信用"，但是，在特殊情况下也不反对"使诈"。"使诈"不一定是品德问题，而是一种谋略。

03　投其所好，"方"得其所

投其所好是方圆者为了达到自己的目的所使用的手段之一。加纳有句谚语："公鸡被陶醉的时候，正是兀鹰进攻的时机。"精明的方圆者正是利用对方的喜好使对方忽略防备之心，得以取胜。

方圆者懂得，人总是喜欢别人吹捧。如果你能做到这些，那么必有良好的人际关系。捧人，可以用在平时与人相处，可以用在说服别人，可以用在与上级相处，可以用在推销商品，只要捧得合宜，就可以达到事半功倍的效果。脾气再大、城府再深、主观再强的人，也吃不消这一招。

在这个社会上，会捧人的人肯定比较吃香，办起事来自然也就顺利多了。当一个人听到别人捧他时，心中总是非常高兴，脸上堆满笑容，口里连说："哪里，我没那么好。你真会讲话！"即使对方明知你有意捧他，却还是没法抹去心中的那份喜悦。

爱听好话是人的天性，虚荣心是人性的弱点。当你听到对方的吹捧和赞扬时，心中自然而然就会产生一种莫大的优越感和满足感，也就会高高兴兴地听从对方的建议。要想在办事时求人顺利，就要澄清自我的主观意识，尽快地养成随时都能捧别人的习惯。俗话说，"习惯成自然"，当捧别人已经变成你的习惯时，你的办事能力就会相应提高。当然，捧别人一定要合宜。

太明显地吹捧他人，往往会引起他人的反感和猜忌，使他对你有所防备，结果适得其反。那么，如何才能不露痕迹地把别人哄得舒舒服服呢？

先做人，后做事

清末红顶商人胡雪岩说："出自真心的赞美，捧人捧得非常真诚，不露痕迹，使被捧的人特别高兴。"可见，要想捧人成功，就要拿出点诚意来，而不是奴颜婢膝，一脸谄笑，应该出自真心，做得不露痕迹。

我们知道乾隆皇帝很喜爱文史，对文史的整理工作非常重视，他想给后世留下经典著作。和珅对"四书"读得滚瓜烂熟，因为乾隆喜爱"四书"，经常会提一些"四书"的问题，不管是坐在銮舆内，还是散步时，乾隆随时都会提问，而和珅总能脱口而出，并有独到的见解，于是乾隆便认为和珅很有学问，和珅也正是靠这种本事在担任了户部侍郎、军机大臣、内务府大臣、步军统领、崇文门税务监督之后，又升为户部尚书、议政大臣，最后还充任了四库全书馆正总裁。这样一来，和珅就成了最有"学问"的大臣了。

刊印"二十四史"时，乾隆非常重视，常常亲自校勘，每校出一处差错来，便觉得自己做了一件了不起的事，心中很是痛快。

和珅和其他大臣为了迎合乾隆的这种心理，就在抄写给乾隆看的书稿中，故意在明显的地方抄错几个字，以便让乾隆校正。这是一个奇妙的方法，这样做既显示了乾隆学问的高深，也比当面奉承他学问深能收到更

第二章　方法圆融，能言善辩

好的效果。皇帝改定的书稿，别人就不能再动了，但乾隆也有改不到的地方，于是，这些错误就传了下来，今天见到的殿版书中常有讹处，有不少是这样形成的。

和珅工于心计，头脑机敏，善于捕捉乾隆的心理，总是选取恰当的方式，以博取乾隆的欢心。他还对乾隆的性情喜好、生活习惯进行了细心的观察，深入的研究，对他的脾气、爱憎等更是了如指掌。往往是乾隆想要什么，还未开口，和珅就想到了，有些乾隆未必考虑到的，他也安排得很好，因此他很得乾隆的宠爱，可见用好"捧"，其中奥妙无穷。

当然，刻意的曲意逢迎，趋炎附势地去溜须拍马是不可取的，但圆润为人，合宜捧人得来的实惠是不可估量的。

作为一名方圆经营者，最大限度地"捧"顾客，给顾客面子，让顾客觉得自己在购物时能够轻松地做出决定，让顾客觉得自己聪明，也是经营者一贯采用的手法。

一位成功的美国商业人士曾讲过这样一件趣事：

你知道墨西哥式的披肩吗？那是用整块布挖个洞做成的毛织毯。我从来就对披肩不感兴趣，也从没有想过，即使是在墨西哥时也没有想过。

那是 7 年前，我和太太在墨西哥度假。我们在街上闲逛，太太突然用手肘挤我说："你瞧，那儿好多人。"我应道："噢，那是卖纪念品的地方，只有观光客会去。我只想到处走走，要不你自己去吧，回头在旅馆见。"

我继续闲逛。在前方，有个当地的小贩沿街吆喝："1200 比索。"

"他在对谁喊价呢？"我想，肯定不是我，我又没做任何暗示。

我没有在意，继续向前走。

"好啦，"小贩继续叫道，"大减价，1000 比索……800 比索好了。"

我实在忍无可忍，转过身对他说："朋友，我真的很感谢你的好意，但

51

先做人，后做事

是我毫无兴趣，你还是找别人吧。"我甚至用墨西哥话问他："你明白我的意思吗？"

"当然，当然。"他答道。

我转身离去。但是，他又一遍遍地在我旁边继续叫喊："好啦，800比索。"

因为遇上红灯，我只好在街口停下，而他仍然自言自语："600，600就好……500，500比索，好啦，好啦，400比索。"

当绿灯亮起，我快速穿过马路，希望能甩掉他，但耳边又听到他拖拉的脚步声以及叫卖的声音："先生，先生，400比索。"

我实在感到厌烦极了，转身对他咬牙切齿地说："混蛋，我告诉你我不买你的东西，别再跟着我！"

从我的态度及语气来看，他似乎明白了我的意思。"好吧，算你赢了。"他回道，"只卖你200比索。"

"你说什么？"我对自己的反应也吃了一惊。

"200比索。"他重复道。

"让我看看你的披肩。"

我为什么要看披肩呢？我需要披肩吗？我想要个披肩吗？不,我不认为我改变了主意。

要记得披肩最初的价格是1200比索,而现在只要200比索。我甚至不知道我做了些什么,就使得价钱下跌了1000比索。

这时,我发现他是在墨西哥境内卖的披肩。我们谈判,他所付出最低的价钱是175比索。结果,我用170比索买下了一条披肩,现在我是新纪录的保持人。

但是,到了旅馆我发现太太买的披肩只花了150比索,比我买的还要便宜20比索。

我想说的是,每个人都各有所好,商人的利益就在于从各种人物的内心去发掘可利用的价值。聪明的商人能够活用方圆之术,从人们的喜好出发,投其所好,给足对方面子,从而在其毫无防备之下轻而易举地达到目的。

方圆经营者强调,顾客永远是正确的。尤其是在与顾客发生纠纷时,企业的各级人员都要用这句话提醒自己。本着这一精神,企业员工才能自觉地为顾客着想,从而对自己的服务、自己的产品提出更高的要求,以满足顾客的需要。当然,在实际生活中,顾客并不永远都是正确的,但是,"顾客永远是对的"这句话,会形成企业员工"唯客独尊"的心理,造成一种积极的心理提示,从而为与顾客建立良好的关系奠定心理基础。这是在处理与顾客的矛盾时所需要遵循的最基本原则。

方圆智慧

要灵活运用方圆之术,投对方之所好,给足对方面子,在其没有防备之下轻而易举地达到目的。

先做人，后做事

04　劝导不如诱导

美国《纽约日报》总编辑雷特，身边很需要一位精明干练的助理，于是，他便将目光瞄准了年轻的约翰·海。雷特想让约翰帮助自己成名，帮助《纽约日报》成为美国最大的报纸。而在当时，约翰刚从西班牙马德里辞掉外交官职务，准备回到家乡伊利诺伊州，从事律师行业。

一天，雷特请约翰到联盟俱乐部吃饭。吃完饭，他提议请约翰到报社去玩玩。

到了报社后，雷特从许多电讯中间找到了一条最重要的消息。当时，恰巧负责国外新闻的编辑有事离职了，于是，他对约翰说："请坐下来，帮忙为明天的报纸写一段关于这则消息的社论吧。"在这种情况下，约翰自然不好拒绝，于是提起笔来就写。

这篇社论写得非常棒，雷特看后赞不绝口。于是，他请约翰再帮忙顶缺一个星期、一个月，就这样，最后干脆让他担任这一职务。而约翰也在不知不觉中放弃了回家乡做律师的计划，留在纽约做起了新闻记者。

从雷特的例子中，我们可以得到这样一条求人办事的规律：央求不如婉求，劝导不如诱导。实际上，诱导的过程就是说服的过程，也是对方的思想逐渐转变的过程。当你真正把握住了对方的思想，让他跟着你的思路走，那么你的成功也就指日可待。

每个人的性格和脾气都不相同。有的人注意细节，做什么事都有个讲究；有的人则不拘小节，许多方面都随随便便。在劝说一个人的时候，稍不留心，就会伤害双方的感情。因此，与其直言相劝，不如委婉示范，以身作则，让对方明白有些事怎样做更好。

1939年10月11日，美国经济学家兼总统罗斯福的私人顾问亚历山大·萨克斯，受爱因斯坦的委托，在白宫同罗斯福进行了一次具有历史意义的会谈。

萨克斯的目的是说服总统重视原子弹研究，抢在纳粹德国前面制造原子弹。他先向罗斯福面呈了爱因斯坦的长信，继而又读了科学家们关于核裂变的备忘录。但总统听不懂深奥的科学论述，反应冷淡。

总统说："这些都很有趣，但政府现在干预此事还为时过早。"萨克斯讲得口干舌燥，只好告辞。罗斯福为了表示歉意，请他第二天共进早餐。

萨克斯的劝说失败了，他犯了一个错误，科学家的长信和备忘录并不适合总统的口味。

事情还没有结束。由于事态严重，没有能够说服罗斯福的萨克斯整夜在公园里徘徊，苦思冥想说服总统的好办法。

第二天，萨克斯与罗斯福共进早餐。萨克斯尚未开口，总统就以守为攻地说："今天不许再谈爱因斯坦的信，一句也不许说，明白吗？"

"我想谈点历史，"萨克斯说，"英法战争期间，拿破仑在欧洲大陆上耀武扬威，不可一世，但在海上作战却屡战屡败。一位美国的发明家罗伯特·富尔顿向他建议，把法国战舰上的桅杆砍掉，撤去风帆，装上蒸汽机，把木板换成钢板。"萨克斯很悠闲地拿起一片面包涂抹果酱，罗斯福也知道他是在吊自己的胃口，问："后来呢？""后来，拿破仑嘲笑了富尔顿一番：'军舰不用帆？靠你发明的蒸汽机？哈哈，简直是天大的玩笑！'可怜的年轻人被轰了出去。拿破仑认为船没有帆不可能航行，木板换成钢板船就会沉。"萨克斯开始用深沉的目光注视着总统，"历史学家们在评论

先做人，后做事

这段历史时认为，如果拿破仑采纳富尔顿的建议，那么，十九世纪的历史就得重写。"

罗斯福沉思了几分钟，然后取出一瓶拿破仑时代的白兰地斟满，把酒杯递给萨克斯："你胜利了！"

萨克斯这招"前车之鉴"说服了罗斯福，从而引起了后来举世瞩目的变化。

可见，善劝要灵活机智，不可一味地就事论事。旁敲侧击，抛砖引玉，都不失为好方法。

老赵是小丁的邻居，也是同一单位里的工会主席，而且，技术上也有一手，待人也热情诚恳。但是，他在生活上却比较马虎，不讲仪态。夏天，他常光着膀子走家串户。小丁是个有知识的女性，她很不习惯老赵的这种行为。

一个双休日，老赵邀小丁的丈夫去另一个同事家下棋。小丁对丈夫说："穿上衬衫，换双凉鞋，到别人家去总得有个样子。"这一讲，老赵马上有所觉察，他说："等一下，我也去穿件衬衫，换双鞋。"

小丁赶忙笑着说道："赵师傅，您这个人很热情、很随和，可我觉得在穿着上太不讲究了，有时让人受不了。"待老赵穿好衣衫返回，小丁赞扬道："赵师傅，这一身多神气啊！"说得赵师傅舒服极了。以后，他渐渐改变了原先不讲仪态的习惯。

当你要诱导别人去做一些很容易的事情时，你得先让他获得一点小胜利；而当你要诱导别人去做一件重大的事情时，你最好对他造成一个强烈刺激，让他在做这件事时，有一种强烈的求胜欲望。只有这样，他的自尊心和自信心才会被激发起来，才会愿意并能够更加勤奋地工作，最终达到你所期待的目标。

要引起别人对你的计划的热心参与，必须先诱导他们尝试一下，可能的话，不妨让他们先从一些比较容易的事情入手，然后，再一步步地把他们向你的目标引进，从而达到自己的目的。

方圆智慧

要想办事成功，没有一定的办事套路是行不通的，而诱导就是其中的一种。在办事中，要想与别人建立起良好的互动关系，让别人对你的事情感兴趣，必须先诱导他们尝试一下，这往往是一种与人合作、求人办事的有效策略。

05　说话要深藏不露

无论何人，只要在社会上待过一段时间后，便多多少少会练就一些察言观色的本事，他们会根据你的言行举止来调整和你相处的方式，并进而顺着你的言行举止来为自己谋取利益。你也会在不知不觉中，意志受到别人的掌控。而且有时，如果你的言行举止表达失当，还会招来无端之祸。正所谓"花要半开，酒要半醉"，一个人活在这个世上，就不要锋芒太露，只有这样，才能防范别人，保存自己。

方圆者在人际交往中，不会轻易地表露自己的好恶、见解和喜怒哀乐，他们更善于把自己的思想感情隐藏起来，不让人窥出自己的底细。他们的言行举止也不会透露出对方想要的信息，以免被人牵着鼻子走。

先做人，后做事

陈平是汉朝有勇有谋的名臣。他在秦末天下混战的时候，曾三易其主，最终得到了刘邦的赏识和重用，为刘邦建立汉朝，立下了汗马功劳。

汉高祖刘邦去世之后，他的妻子吕雉乘机掌握了大权。为了巩固自己的地位，吕雉任命自己的亲信郦食其为朝中拥有最高职权的右丞相，而任命陈平为职权第二的左丞相。其实，吕后就是给陈平一个有职无权的虚职，借以架空他。陈平深知吕后之意，但他并不以为意，只是每日饮酒作乐，纵情声色，以此来麻痹吕后的视线，减少她对自己的疑虑。

吕后有个妹妹吕媭，因事与陈平不睦，便心怀愤恨，总想伺机除掉他。

有一天，吕媭对吕后说："左丞相陈平，身负这么重要的职责却不谋正事。"

吕后问道："他做了什么坏事吗？"

陈平虽然纵情声色，但在别的方面却很谨慎，所以吕媭并没有抓到什么把柄，只好说："陈平整日不理政务，只知喝酒作乐，这还不够吗？"

吕后任陈平为左丞相，就是不想让他参与朝政，所以他这么做，正中吕后下怀。

吕后听了吕媭的报告，心中大喜。但为了表示自己对陈平的信任，以便让陈平更加放纵下去，减少对吕家的威胁，她特意把陈平召到驾前，当着吕媭的面对陈平说："有人告你不理政务，整日沉迷酒色，被我训斥了。因为我知道'唯女子与小人难养也'，所以女人说的话我是不会听信的。只要你对我忠心耿耿，就不要怕别人在我面前说你的坏话。"

陈平听了，装出感激涕零的样子，跪在吕后面前说："您这样相信微臣，真是让微臣感动。以后臣一定尽心竭力，不会让您失望的。"

从这以后，陈平变本加厉，更加放浪形骸，不务"正业"。

为了扩大自己的势力，吕后想封自己的至亲为王，她假意征求陈平的

意见说:"我的兄弟都很有才能,也为国家立下了汗马功劳,如果不册封他们为王,不足以慰民心啊。"

陈平听了,从容地回答:"太好了,您真是赏罚分明啊,这样做,才能鼓励他们继续为朝廷效力!"

吕后非常高兴,对陈平的戒备心渐渐平淡下来。

不久,吕后去世。深藏已久的陈平看到时机已到,就找到朝中大将周勃,对他说:"吕后已死,再不能让吕氏当权,我们应该立即诛杀吕氏,把江山还给刘氏。"周勃听了陈平的话,便率兵杀了吕后的子弟亲信,拥立了汉文帝。陈平深谋远虑,最后挽救了刘氏江山。

在商战中,方圆经营者善于注意准确把握市场动向和消费者的心理,这对于成功地运用方圆谋略,有着重要的意义。

方圆经商者强调吃小亏,占大便宜。所谓小亏,就是指眼前利益,这在历史上是兵家常用之计。无论是在政治军事领域,还是在商战中,许多有成就的人都是运用此谋略而大获成功的。

1915年,美国南部的俄克拉荷马州的塔尔萨有几处地方勘测出有石油,塔尔萨一夜之间成了冒险家们涉足之地。其中亨利·史格达家族、壳

59

先做人，后做事

牌石油公司和乔治·格蒂家族是当地较有势力的石油开采商。

保罗·格蒂是格蒂家族的唯一继承人，他前一年刚从英国牛津大学回来，说是去留学，却没拿回一张文凭，倒是因为住在欧洲有名的旅店而要老爹花费了不少的钱。

由于太过放浪不羁，老格蒂让他在家族事业中只充当一名副手。

"您不认为这很屈才吗？"他认为自己的能力绝不是只能当一名副手。

此时的他正站在泰勒农场的土地上，因为塔尔萨已盛传泰勒农场有着丰富的石油，塔尔萨最有实力的三家石油商都在打着它的主意。农夫泰勒放出风声，他将把土地进行拍卖，谁出的价格最高，他就把农场卖给谁。

格蒂来到了一个别墅区，在一幢豪华的别墅前停了下来。敲开了门，见到了他要见的人——塔尔萨地区最有名望的地质学家艾强·克利斯。

"你代表哪一家？"克利斯问道。

格蒂取出一叠钞票一边数着，一边说："我只代表我自己。"

"你可以在《塔尔萨世界报》上看到我的观点。"

"《塔尔萨世界报》付给你多少稿酬？"

克利斯犹豫了一会儿，说："12 美元。"

"12 美元买了你30%的真话，我出 120 美元能不能买下你另外70%的真话？"

格蒂驾驶着福特车经过一家酒吧时，正巧碰到一位店主把一个中年人撵了出来。不用问，一定是一个来赊酒喝的穷光蛋。

格蒂把这个中年人请上了车，请他到别的更好的地方去喝酒。

这位中年人名叫米露斯克里，是一名普通的掘井工人。

第二章 方法圆融，能言善辩

第二天，一辆豪华的四轮马车驶进了塔尔萨，车上坐着一名态度傲慢的中年绅士。马车所经过的地方人们都驻足观望，孩子们则蜂拥追随车后。那个中年绅士，一把一把地把硬币抛向孩子们，孩子们更是越聚越多。

隔一天，《塔尔萨世界报》头版刊登了一份报道——"塔尔萨来了位大富翁"，说一个名叫巴布的来自北方的大富翁，看中了塔尔萨的泰勒农场，决定在那里投资一笔钱开采石油。他还到农场探望了老泰勒，许诺将用 2 万美元买下农场。

几天后，泰勒农场又来了一辆福特车，车上走出一个头发油黑、两撇胡子高翘的年轻人，来人声称是大银行家克里特的私人秘书谢尔曼。谢尔曼找到泰勒，请求他以 2.5 万美元的价格将泰勒农场卖给他。如此高价，泰勒有些心动了，可是他老婆踩了他一脚，他忙说："老兄，只能在拍卖场碰运气了。"

第二天，《塔尔萨世界报》又刊登了一篇配有大幅照片的文章——"泰勒农场把风引鸟，塔尔萨又来了个大银行家克里特"。

一个星期后，拍卖会如期举行。原先的三家石油商都退出了竞争，因

先做人，后做事

为他们担心一旦介入会得罪克里特，只有巴布和克里特的代理人谢尔曼一争高低。会场围满了等着看好戏的观众。

拍卖师的锤声响了。

"500美元。"

"600美元。"

"700美元。"

竞价升到1100美元时，巴布突然不做声了。拍卖师叫了三声后，仍没有人应价。锤声响了，克里特以1100美元获得了泰勒农场。

出乎所有人的意料，在场的人都大吃一惊，没想到泰勒农场竟以1100美元的低价卖出了。

克里特购得泰勒农场后，忽又改变了生意，以5000美元转手卖给了格蒂家族。

许多年以后，人们才识破这场骗局。原来那个中年绅士巴布是掘井工米露斯克里，那个银行家的代理人谢尔曼当然就是化了妆的保罗·格蒂。人们当然非常气愤，日后送了格蒂家族一个"骗子"的绰号。

然而，这样的骗局在当时并没有触犯法律，格蒂理所当然地作为成功者占有着泰勒农场。

格蒂的这次成功，使他的父亲改变了对他的看法，同意他经营家族的石油业，从而使他青云直上，最后成为拥有60多亿美元的巨富。

的确，在商战中，大家明争暗斗，你争我夺，各种奇招、怪招，甚至坏招层出不穷。只要能达到目的，又不触犯法律，几乎没有什么招是不能用的。难怪有人说："商业没道德，只有成功与失败。"

方圆智慧

方圆者懂得,任何时候做事都要方圆结合,寓圆于方,而这样做就需要在为人处世过程中使用一些必要的变通技巧。因此,善于变通是所有方圆者所具有的共性。

06 学会说"不"

有些人在拒绝对方时,因感到不好意思而不敢直接说明,致使对方摸不清自己的意思而产生许多不必要的误会。比如当你使用一种语意暧昧的回答:"这件事似乎很难做得到吧!"本来是拒绝的意思,然而却可能被认为你同意了,如果你没有做到,反而会被埋怨你没有信守承诺。所以,大胆地说出"不"字,是相当重要却又不太容易的一件事。在拒绝别人的要求时,如果处理得当不仅不会招来别人的反感,还会得到别人的宽容谅解,反之就会使别人怀恨在心,甚至打击报复。

拒绝别人需要一份勇气,也需要一份智慧。

清代画家郑板桥任潍县县令时,曾查处了一个叫李卿的恶霸。

李卿的父亲李君是刑部大官,听说儿子被捕,急忙赶回潍县为儿子求情。他知道郑板桥正直无私,直接求情不会见效,于是便以访友的名义来到郑板桥家里。郑板桥知其来意,心里也在想怎样巧拒说情,于是一场舌战巧妙地展开了。

李君四处一望,见旁边的几案上放着文房四宝,他眼珠一转有了主

63

先做人，后做事

意:"郑兄,你我题诗绘画以助雅兴如何?"

"好哇。"

李君拿起笔在纸上画出一片尖尖竹笋,上面飞着一只乌鸦。

目睹此景,郑板桥不搭话,挥笔画出一丛细长的兰草,中间还有一只蜜蜂。

李君对郑板桥说:"郑兄,我这画可有名堂,这叫'竹笋似枪,乌鸦真敢尖上立'?"

郑板桥微微一笑:"李大人,我这也有讲究,这叫'兰叶如剑,黄蜂偏向刃中行'!"

李君碰了钉子,换了一个方式,他提笔在纸上写道:"燮乃才子。"

郑板桥一看,人家夸自己呢,于是提笔写道:"卿本佳人。"

李君一看心中一喜,连忙套近乎:"我这'燮'字可是郑兄大名,这个'卿'字……"

"当然是贵公子的宝号啦!"郑板桥回答。

李君以为自己的"软招"奏效了,心里别提有多高兴了,当即直言相托:"既然我子是佳人,那么请郑兄手下留……"

"李大人,你怎么'糊涂'了?"郑板桥打断李君的话,"唐代李延寿不是说过吗,'卿本佳人,奈何做贼'呀!"

李天官这才明白郑板桥的婉拒之意,不禁面红耳赤,他知道多说无益,只好拱手作别了。

大凡来求你办事的人,都相信你能解决这个问题,对你抱有很高的期望。一般来说,对你抱有的期望越高,拒绝的难度就越大。在拒绝对方时,假如总讲自己的长处,或过分夸耀自己,就会在无意中增加了对方的期望,更加大了拒绝的难度。如果适当地讲一讲自己的短处,降低对方的期望,在此基础上,抓住适当的机会多讲别人的长处,就能把对方的求助目标自然地转移过去。这样不仅可以达到拒绝的目的,而且会给求助方指出一个更好的归宿,使意外的成功所产生的愉快和欣慰心情取代原有的烦恼与失望,从而降低对方对你说的"不"的抵触情绪。

一般来说,一个人有事求别人帮忙时,总是希望别人能满足自己的要求,却往往不考虑给别人带来的麻烦和风险。如果实事求是地讲清利害关系和可能产生的不良后果,把对方也拉进来,共同承担风险,即让对方设身处地去判断,这样会使提出要求的人望而止步,放弃自己的要求。

甘罗的爷爷是秦朝的宰相。有一天,甘罗看见爷爷在后花园走来走去,不停地唉声叹气。

"爷爷,您碰到什么难事了?"甘罗问。

"唉,孩子呀,大王不知听了谁的调唆,硬要吃公鸡下的蛋,命令满朝文武去找,要是三天内找不到,大家都得受罚。"

"秦王太不讲理了。"甘罗气呼呼地说。

他眼睛一眨,想了个主意,说:"不过,爷爷您别急,我有办法,明天我替您上朝好了。"

第二天早上,甘罗真的替爷爷上朝了。他不慌不忙地走进宫殿,向秦王施礼。

秦王很不高兴地问道:"小娃娃到这里捣什么乱! 你爷爷呢?"

甘罗说:"大王,我爷爷今天来不了啦。他正在家生孩子呢,托我替他上朝来了。"

秦王听了哈哈大笑:"你这孩子,怎么胡言乱语! 男人家哪能生孩子?"

甘罗说:"既然大王知道男人不能生孩子,那公鸡怎么能下蛋呢?"

先做人，后做事

甘罗就是利用以谬还谬的否定方法，没有直接揭露秦王的荒诞，而是"顺杆儿上"，引出一个更为荒诞的结论，让秦王自己去攻破自己的观点，并在巧妙的回答中暗示其荒谬性。

小张在电器商场工作。一天，他的一位朋友来买电视，让他给打个低一些的折扣。小张挺为难，这事他根本做不了主，于是他苦着脸对朋友说："你如果上周来能给你打折，昨天我们盘点，上次促销还赔了钱，今天早上我们经理才公布过，不让随便打折了，以后谁打折谁补钱。"

朋友一听这话，觉得再说也没用了，就不再说什么了。

张绪对摄像机朝思暮想了很长时间。一天，他心一横，花费了多年积蓄，从商店里美滋滋地捧回一架崭新的进口摄像机。打那以后，他一有空便围着它转，爱不释手。时隔不久，张绪的一个中学同学跑来，说下星期他外出旅游想借用张绪的摄像机。将摄像机当作至宝的张绪真担心同学给他弄坏了。不借吧又怕伤了多年的友谊，又难以启齿，于是张绪找了借口对同学说："我妈说过几天出门想带着，但是时间还没有定，到时候再说吧。她不用的话一定借给你。"

对这类勉为其难的要求，张绪既不说借，也不说不借，实际上为自己的最终拒绝留下了很大的回旋余地。如此既保全了双方的面子，不至于出现尴尬的僵局，又回绝了对方的要求。张绪的同学如果是个明白人，一定会心领神会，知"难"而退。

国学大师钱钟书先生很讨厌炒作，在他的《围城》出版后，许多媒体记者想采访他，钱先生实在没有办法了，只好以幽默的语言拒绝他们说："假如你吃了一个鸡蛋觉得不错，你认为有必要非要认识一下那只下蛋的母鸡吗？"

风趣的比喻终于使对方在愉悦之中欣然接受了婉拒。

学会拒绝，能让我们更坦率，更忠于自己，不必为他人之愿所累。伏尔泰曾经说过："当别人坦率的时候，你也应该坦率，你不必为别人的晚餐付账，不必为别人的无病呻吟弹泪，你应该坦率地告诉每一个使你陷入一种不情愿、又不得已的难局中的人。"

一位哲人曾说："当你拒绝不了无理要求时，其实你害了别人，也害了自己。"所谓害人是指助长了他的惰性，害己则是说违心地做自己不想做的事情会让自己心里很不舒服，甚至会后悔莫及。

要敢于拒绝你认为应当拒绝的要求，摒弃那种支支吾吾的态度，不给人误解你的空间。与隐瞒自己真实想法的绕圈子话相比，人们更尊重这种不含糊的回绝。

方圆智慧

古希腊大哲学家毕达哥拉斯曾经说过这样一句话："'是'和'不'是两个最简单、最熟悉的字，却是最需要慎重考虑的字。"的确，答应他人做某件事要慎重，而拒绝别人的请求也应该慎重。

07 交浅不言深，逢人只说三分话

"言多必失"，滔滔不绝的讲话自然会牵涉到对诸多事物的看法、见解，对他人的好恶、爱憎等，从而暴露出许多问题，不是被人抓住把柄，怀恨在心，伺机报复，就是被人传话时曲解其意，增加不必要的误解、隔阂，

先做人，后做事

徒添烦恼。

每个人都有自己的特点,每个人都有自己的爱好。小人坚信,只要你由着他的性子顺竿爬,挑他爱听的说,什么问题都可以得到解决。

人人都喜欢听漂亮的话,无论见着美的或是丑的,你都把一通恭维话送上去,纵然有时候是在说违心的话,也会收到好的效果。

方圆者懂得,当人们意见、观点一致时,彼此就会相互肯定,反之,就会相互否定。在什么人面前说什么话,首先得细细揣摩对方的喜好,然后尽量迎合他的想法。

俗话说:"逢人只说三分话,不可全抛一片心。"世界是复杂的,如果你"抛出一片心",说不定正好掉进了别人的陷阱。因此,遇事只说三分话,这是对自己的一种必要保护。

"逢人只说三分话",是在提醒自己,在为人处世中,千万不要动不动就把自己的老底交给对方。不论在什么情况下,都要保留七分话,不必凡事对人说。也许,你会认为大丈夫光明磊落,事无不可对人言,何必只说三分话呢?

老于世故之人,的确只说三分话,你一定认为他们是狡猾的,很不诚实,其实说话需看对方是什么人,对方不是可以尽言的人,你说三分真话,已不少了。

孔子曰:"不得其人而言,谓之失言。"

倘若对方不是深相知的人,你却畅所欲言,以快一时,对方的反应会如何呢?

你说的话,是属于你自己的事,对方愿意听吗?

彼此关系浅薄,你却与之深谈,这会显得你没有修养;你不是他的诤友,就不配与他深谈,忠言逆耳,会显得你很冒昧。

说话本来有三种限制,一是人,二是时,三是地。非其人不必说;非其时,虽得其人,也不必说;得其人,得其时,而非其地,仍是不必说。

得其人,你说三分真话,已为不少;得其人,而非其时,你说三分真话,正给他一个暗示,看看他的反应;得其人,得其时,而非其地,你说三分真话,正可以引起他的注意,如有必要,不妨择地作长谈,这叫做通于世故。

在实际生活中,你在与同事发展交情时应该慎重,因大家长期相处,若交友不慎,一定会影响你的个人处境和事业。

起初,同事之间人多不会显山露水,然而,"路遥知马力,日久见人心",只要一起吃过几次饭,一些见识浅薄的人就很容易把自己的不满情绪倾诉给你听。对于这种人,你不应与他有更深的交往,只作普通同事就

先做人，后做事

可以了。

假如和对方相识不久，交往一般，而对方就把心事一股脑儿地倾诉给你听，并且完全一副真心实意的模样，这在表面上看来是很容易令人感动的。然而，转过头去，他又向其他的人做出同样的表现，说出同样的话，这表示他完全没有诚意，绝不是一个可以深交的人。

"交浅言深，君子所戒。"千万不要附和这种人所说的话，最好是不表示任何意见。

古人云："病由口入，祸从口出。"祸事往往就是因为自己错说话和说错了话引来的，因此，说话时切记要三思而后言。

方圆智慧

方圆者深谙"病由口入，祸从口出"这一道理，他们知道祸事往往就是因为自己说错了话引来的，因此，说话时总是三思而言，从不口若悬河，肆无忌惮。他们保全了自己，也给别人留下了深刻的印象。

08 背后说人好，莫谈他人非

许多人都有背后议论他人是非的习惯，其中大多是"非"，即说别人的坏话。这种攻击有些是在与自己的利益无关的前提下说的，于是说人者觉得自己不背负道德意义上的责任，也就放任自己，再加上旁人也有喜欢听的习惯，所以对自己的这一"恶行"就不加以反思和制止。也有的人是心怀不满,借以抒发自己内心的愤恨。然而,有个词语叫做"流言",就是说这话像流水一样会流动,从这张嘴巴流到那只耳朵里,再从那张嘴巴流到另一只耳中。因此,你所议论人家的是非早晚会传到被议论者的耳朵里。到那时候,得罪了人,就会给自己带来不必要的麻烦。

《红楼梦》有这样的片段:史湘云、薛宝钗等姐妹都劝贾宝玉做官为宦,不要长期沉湎于温柔之乡,这让贾宝玉极为反感。于是,他对着史湘云和袭人说:"林姑娘从来没有说过这些混账话!如果她也说这些混账话,我早和她生分了。"凑巧这时黛玉正来到窗外,无意中听见贾宝玉说自己的好话,"不觉又惊又喜,又悲又是叹",结果宝黛两人互诉肺腑,感情大增。

宋初宰相王旦和寇准是同年进士,但两人性格截然相反,王旦内敛低调,寇准外向张扬。因此,尽管同为北宋名相,但王旦的名气在历史上远不及寇准。不过就个人气量而言,王旦却远胜寇准。由此,两人在皇帝面前议论对方的态度截然不同,寇准总在真宗面前诋毁王旦,而王旦却总是赞扬寇准。每次寇准遇到麻烦,也都是王旦解救他。

一天,王旦向真宗汇报完国事,真宗疑惑地问王旦:"寇准总是在我面前说你的坏话,而你却老是夸他的优点,为什么呢?"王旦说:"我担任宰相职务,施政上不可能没有缺点,寇准攻击我是因为他处处为国家着想,我说寇准的好话是因他确实有才学,有器识,而且秉心刚正。"真宗听后,越发钦佩王旦的品德而鄙薄寇准的为人。

在人背后说坏话的原因有很多,有人是因为习惯问题,也有人是因为嫉妒或高傲。贺若弼就是觉得自己高人一等,没有达到自己期望的职位,而在背后说其他人的坏话的人。在皇权至上的封建社会,他对自己的处境有所抱怨,经常说皇帝任命的大臣的坏话,甚至还把目标扩大到皇帝身

71

先做人，后做事

上，这样自然受到皇帝的惩罚和疏远。当然，我们不可否认他并不是不知道他所说的话会得罪被他所褒贬的人，因此只是在别人背后、在私底下说说而已，但是，"天下没有不透风的墙"，官场是不会有真正的秘密的。在权力斗争的官场，要想明哲保身，升官晋级，就应该在这方面多加注意。

上面列举的《红楼梦》的例子也说明在背后说人好话，是拉近和别人之间的关系的最有效方法。因为在林黛玉看来，宝玉当着众人的面，在自己背后赞美自己，这种好话就不但是难得的，也是无意的。如果宝玉当着黛玉的面说这番话，生性多疑的林黛玉只怕还会说宝玉打趣她或想讨好她呢。而王旦和寇准的例子也正好说明了背后"说人好"和"说人非"的巨大差别。

方圆智慧

为人处世最为重要的一点是不要讲人家的坏话，要学会运用赞美的技巧。在背后批评他人，说人坏话，这样的效果甚至比当面批评别人更严重。因为他会据此认为你对他的确很有意见，任何时候都在跟他过不去。这样一来，何谈能拥有良好的人际关系呢？最好的做法是，即使是在他人背后，也要从正面来评价他，尽可能地赞美他，这么做，有时候会比当面赞美更能好的结果。

第三章

职场应对,方圆有术

职场如战场,真正懂得方圆的人,在职场上方能如鱼得水,在竞争日益激烈的职场,审时度势,在该坚持原则维护白己利益时毫不退让;在形势不如意时,可以全身而退;在上司、同僚、下属之间,可以左右逢源。

先做人，后做事

01　道不同，不相为谋

烧炭的人单独租住着一间房子,为了节省房租,一直想找个人合租。这时,一个漂布的人想租房子住,正在到处寻找。于是,烧炭的人对漂布的人说:"那咱俩住一块吧,房租一人一半。"漂布的人说:"房租不是问

题,问题是咱俩根本就不可能住一起。"烧炭的人问:"为什么?"漂布的人说:"这不明摆着吗? 我好不容易漂白的布,都会被你弄黑的。"

孔子说"同声相应,同气相求",《易经》中说"方以类聚,物以群分",贬义一点的说法像"臭气相同",说的其实都是同一个道理。都是说走到一起的人都是因为某种类似,不同类型的人永远走不到一起。油和水虽然都是液体,但不可能将它们混合在一起,因为它们属于两种类型。

职场中,由于工作关系,每个人都不可避免地会与周围其他人形成一种远近亲疏各不相同的关系状态。维系这种状态,总有某种"力"存在,

74

我们不妨称之为"关系力"。凡是有过职场经历的人都会发现,这种"力"其实只有两种:理性力和感性力。两种不同的"关系力",就会形成完全不同的交往形态。

一种是理性交往,相当于被动交往。就是纯粹是因为工作的原因,或者不搞好关系就有可能损害自身利益等原因,极不情愿,甚至是硬着头皮去交往。比如说,本来不喜欢,甚至厌恶自己的领导,但考虑到利害关系,还是不得不笑脸相迎,好话连篇。再比如,本来对某同事很反感,但是担心被人说"合作性不好"或"团队意识不强",影响自己的发展,不得不勉强应对。这种类型的交往依据工作关系的存在而存在,一旦没有了工作关系,交往即刻停止。

一种是感性交往。有时甚至说不清是什么意愿,反正是觉得能说到一起,很有缘分,很合得来,即常说的"投脾气"或"对胃口"。这种关系不但工作配合得默契顺畅,即便是在非工作时间,也经常喜欢往一起"扎堆"。

有的人总是希望自己能搞好与所有人的关系,总在做各种各样的努力。其实,这完全是很主观的想法,不符合人际交往的内在规律,是不可能,也是不必要的。往往在一开始就能合得来的人,即使中间曾经有过这样那样的矛盾或不愉快,但始终还是能合得来。一开始心里就疙里疙瘩的人,不管有意识地做出多大的努力,也无济于事,始终还是合不来。有时候,从来没有见过面的人,一旦相遇或相识,会产生"相见恨晚"的感觉。有时候,在大街上擦肩而过的陌生人都会使人觉得有很熟悉、很亲近的感觉。所以对于工作中人与人之间的关系,不要苛求,一随缘分,二凭理性。有缘分时,就走近点,除了工作之外,还可以交流情感,甚至成为生活中很好的朋友;没有缘分时,就离远点,只要保持正常的交往即可,或者

先做人，后做事

维持纯粹的工作关系就行了，不要因为拉不近关系而无谓的伤脑筋，甚至感到苦恼或焦虑。

刚进这家房地产公司时菲菲还是新人。为了得到公司的认可，菲菲几乎成了工作狂，并常常能想出很多新颖实惠的点子来。菲菲的第一次策划就得到经理"有创意、很新颖"的表扬。经理的嘉奖使得菲菲更加自信大胆地工作。

同事丽丽是菲菲结识的好朋友，在菲菲忙得天昏地暗时，她会适时地递上一杯咖啡；菲菲加班时她又会送来一盒盒饭；当菲菲的两只手恨不得当八只手用的时候，她总是自动拿起材料帮菲菲打印好。她就是这样在一点一滴的小事中感动菲菲。

一次，菲菲满意地完成了一个策划交给经理。谁知第二天经理找到菲菲："我本来很看重你的才华和敬业精神。没有新点子也没什么，但你不该抄袭其他同事的创意。"经理看菲菲一脸惊讶，递给菲菲一份策划书。

天哪，竟然与菲菲那份惊人地相似，而策划人竟是丽丽。

面对经理的不满和菲菲好朋友的"心血"，菲菲哑口无言，因为菲菲没有任何证据证明自己的清白。

机会终于来了,不久,菲菲接了一个很重要的任务。菲菲比平时更忙了,她从自己的新点子里筛选出两个方案,做出 A、B 两份策划书。明里丽丽还是经常主动来帮菲菲做 A 策划书,但暗地里菲菲已把 B 策划书做好交给了经理,并请经理先不说出去。果然,不久丽丽交上一份与 A 书颇为相似的策划。明白真相后的经理非常恼火,请丽丽另谋高就了。丽丽走后,菲菲一点也不高兴,因为菲菲不只失去了一个朋友,还失去了对同事的信任。

长期从事人际关系研究的深圳大学金赛博士指出:随着社会分工专业性的加强和职能的细化,表现在工作能力上的竞争只是衡量人们潜在能力的外化标准,它可以通过时间、阅历、工作的熟练度加以解决;而另一种竞争虽然早已存在,但多数人出于良好的愿望和粉饰太平的需要,将其抹杀到最弱化的程度,那就是通过诸多巧妙而合理的方法让自己在工作环境里拥有好的位置、好的人际关系,同时熄灭那些可能引燃障碍和麻烦的危机火苗。

不过,办公室里同事间的"危卵之谊"可能还会持续,因为,生活的本来面目就是这样。

人与人之间关系的远近,更多的时候是一种感觉,而不是刻意的追求。也有一种人,很会"追求"关系,很有心机。他们为了自己的利益,会有意识、有选择地安排自己的交往对象。在不了解内情的外人看来,似乎黏得很紧,感情拉得很近,其实这只是表象而已,实质上也是属于理性交往的类型。一旦相互利用的价值不存在了,他们的关系也会自然而然地疏远了。

先做人，后做事

方圆智慧

所谓"人各有志，不能强勉"，又所谓"燕雀安知鸿鹄之志"，既然彼此的意见和志趣各不相同，那就保持距离，各自坚持各自的观点，也不失为一种明智的选择。

02　搞好同事关系才能高枕无忧

在公司中，同事可以说是和自己最知心的人。无论有什么怨言或有什么烦恼，同事都是最好的倾诉对象。

不管你工作的环境怎样的不顺利，遭遇怎样的困境，但你仍然可以在你的举止之间，显示出你的亲切、和蔼、愉快的精神，使同事于不知不觉之间来亲近你。

人格优秀、品格高尚的人，不仅受同事欢迎，而且处处能得到同事的帮助。只要你能在日常工作中处处表示出乐于助人、愿意帮忙的态度，你可以将你自己化作一块磁石来吸引你所愿意吸引的任何人来到你的身旁。一个只肯为自己打算盘、斤斤计较的人，会到处受人摒弃。

吸引同事的最好方法就是显示你对他们很关心、很感兴趣。但你不能做作，你必须从内心里真正关心别人、对别人感兴趣，否则，别人会认为你很虚伪。

以下是与同事相处有道的几种方法：

为得到对方的共鸣，必须对对方的话有所回应。

夸奖的言辞要能满足对方的自我意识。当对方对自己的赞美有良好的反应时，不要就此结束，而必须改变表达方式一再地赞美。

对具有绝对信心的人加以贬抑，反而能更加亲密。

有意忽视在事前听到的有关对方的传闻，而从另一方面赞赏他。

与有自卑心理和戒备心理的人第一次会谈是很困难的，应表现得平易近人，拆除对方心理上所筑的防卫墙。

听对方的笑语而发笑，比自己说笑话更容易达到关系融洽。

当然，办公室也是一个是非场所，每天都在发生着各种各样的是非。这些是非有的是关系到你的，有的是你的同事之间的，有些是一些小事，有一些是关系到上司的……面对这些是是非非，该怎么办呢？最好的办法是：远离是非。

做一个"公司人"，社交活动不免与公司有关。下班之后，与同事一起喝杯酒，聊聊天，不但有助于日常工作，还可能知道与公司有关的消息。所以，公司所办的各种聚会，尽量参加，与同事及上司打一两场"社交麻将"也有必要，但有一点要记着：莫可随便、轻易交心。

同事之间，只有在大家放弃了相互竞争，或明知竞争也无用的情况

先做人，后做事

下,才会有友谊的存在。如果交了真心,动了真感情,只会自寻烦恼。

同事关系是一切人际关系中较为微妙的一种。同事在一起共事,低头不见抬头见。在很多事情上都要互相帮助,互相关心。然而,同事之间也存在着利益关系,竞争关系,这些关系往往是对同事成为挚友的一种制约。因为在利益面前,很多所谓要好的同事会背叛你。

和上司比起来,前辈与自己并不存在职位的差距,而所谓的差别只是进入公司时间长短和工作经验多少的不同。

公司中前辈与晚辈之间没有像大学一样被划分为大一、大二、大三、大四那样具体而严格的级别之差。虽然如此,但身为晚辈,自己的意识里也一定要经常记着自己是晚辈,对前辈一定要给予足够的尊重。

例如,在上司交给前辈一件工作时,作为晚辈的你如果想帮忙的话,就要试着问:"有什么需要我帮忙的吗?"或者在上司说"谁都可以,把这个处理一下"时,自己要抢着说:"我来做吧!"这样的主动姿态非常重要。如果你觉得"他虽然是前辈,可是年龄与自己根本没有什么差别嘛!""我也正在忙着呀!""什么事都要由晚辈做不是太可笑了吗?"等这样想、这样做的话,你和前辈的关系是不会很好的。

一般来说,在工作上经常给予自己提醒和警告的多数是前辈。前辈提醒和警告自己时的说话方式和态度,在当时可能难以接受,但是,前辈能直接提醒自己就已经很难得了。

在日常工作中,同事之间难免会发生一些争执,有时会搞得大家不欢而散甚至结下芥蒂。人是有记忆的,发生了冲突或争吵之后,无论怎样妥善地处理,总会在心理上、感情上蒙上一层阴影,为日后的相处带来障碍。最好的办法还是尽量避免它。

俗话说得好:"有话好好说。"这是很有道理的。据心理学家分析,争吵者往往犯三个错误：第一，没有明确清楚地说明自己的想法，含糊、不坦白；第二，措辞激烈、专断，没有商量余地；第三，不愿以尊重态度聆听对方的意见。另一项调查表明，在承认自己容易与人争吵的人中，绝大多数不承认自己个性太强，也就是不善于克制自己。

相互之间有了不同的看法，最好的办法是以商量的口气提出自己的意见和建议，说话得体是非常重要的。应该尽量避免用"你从来也不怎么样……""你总是弄不好……""你根本不懂"这类绝对否定别人的消极措辞。

每个人都有自尊心，伤害了他人的自尊心，必然会引起反感。即使是对错误的意见或事情提出看法，也切忌嘲笑。幽默的语言能使人在笑声中思考，而嘲笑则会使人感到含有恶意，这是很伤人的。真诚、坦白地说明自己的想法和要求，让他人觉得你是希望得到合作而不是在挑别人的毛病。同时，要学会聆听，耐心、留神听对方的意见，从中发现合理的成分并及时给予赞扬或同意。这不仅能使对方产生积极的心态，也给自己带来思考的机会。如果双方个性修养思想水平及文化修养都比较高的话，做到这些并非难事。

方圆智慧

只要有深厚的"方圆"理论底蕴，练就圆融通达的本领，以礼相待，以诚待人，以德服人，就能在办公室环境中一展优雅手段，赢得良好合作。

先做人，后做事

03　荣耀不能独享

曾经有一部风靡全球的电视连续剧叫《超人》，里面有这样一句话："一个人也可以改变世界。"那是一个个人英雄主义的时代。但在今天，无论你从事什么工作、处于什么环境，都无法脱离其他人对你的支持而一个人完成所有的事情。所以，我们在各种各样的颁奖典礼上总会听到人们不厌其烦地说："感谢我的领导，感谢我的同事，感谢某某人。"甚至我们听着这些套话都觉得虚假。可是，千万不要以为这些话是可有可无的套话，就算是虚伪的，该说也得说，该做也得做。因为潜规则说荣耀不属于你一个人，是属于大家的。

2004年7月，EMC总裁乔·图斯被授予摩根士丹利全球商业领袖奖，他在发表获奖感言时说："能获得这项一直以来受人尊敬的奖项是一种荣耀，不过我作为美国EMC公司的CEO不能独享这个荣耀。这应该归功于EMC公司与我共同工作的卓越团队。在将公司向更成功的方向推进的过程中，EMC公司遍及全球的21000名员工倾注了无数的时间、精力以及创新的观念。"

乔·图斯的感谢是发自内心的。而他把他的荣耀归于他的团队和他手下两万多名员工，他的员工当然也会以他为自豪，而且会更加努力地工作。

当然，如果你想独享荣耀，荣耀就可能不再光顾你！

王先生很有才气，他主编的一套图文并茂的图书很受欢迎，还得了一个国家奖。为此,出版社特意开了一次会,表扬他的贡献。他除了得到新闻出版局颁发的奖金之外,社长另外给了他一个红包。那份荣耀让他激动万分。但没过多久,王先生脸上就失去了笑容。因为他感到社里的同事,包括他的上司和属下,都在有意无意间和他作对。

他也不清楚是怎么回事,最后还是一个和他比较要好的同事提醒了他。"你得了奖,和你个人付出的辛苦是分不开的,但你别忘了,没有社长的支持,没有发行部门的努力,没有别的编辑的帮助,你那么一大套书那么容易就成功了?可是你连句感谢的话都没有,大家心里能好受吗?"

王先生这才恍然大悟,他拿出了一部分奖金,请大家大吃了一顿,但还是没能解决问题。

平心而论,这套书之所以能得奖,王先生真的是贡献最大,但是当有"好处"时,别人并不会认为他才是唯一的功臣,这么多人"没有功劳也有苦劳"啊,这是中国人习惯的思维方式,他"独享荣耀",当然就引起别人的不舒服了;尤其是他的上司,更因为如此而产生不安全感,王先生头上的荣耀,成了对他的威胁,上司当然对他要"另眼相待"了。

后来,王先生受不了同事的排挤,上司的打压,不得不辞职了。

所以,当你在工作上有特别表现而受到肯定时,千万记得别独享荣耀,否则这份荣耀会为你带来人际关系上的危机。

要想保持荣耀并获得更大的荣耀,你应该做如下几点:

第一,把感谢的话说到位。比如:感谢同仁的协助,说自己只是个代表,功劳不属于自己一个人;尤其要感谢上司,真心感谢他的提拔、指导、授权。如果同仁的协助有限,上司也不值得恭维,你的感谢也有必要,虽然虚伪,但却可以使你避免成为箭靶。就像领奖台上的得主们,要感谢一堆人,虽然别人听腻了,但被感谢的人听了心里都会很愉快,你自己又不

先做人，后做事

损失什么，何乐而不为呢！

第二，荣耀要大家分享。口头上的感谢是必不可少的，实质的分享更不能缺了。请大家吃一顿，在美酒的激励下，更真诚地感谢一番，让人家知道你真的离不开他们的帮助。这时候最易沟通感情，就算你和其中的某一位曾经有过什么过节，这时说不定还可以化敌为友呢！

第三，要更加谦卑。人往往一有了荣耀，就会自我膨胀，就可能忘了"我是谁"了。你的同事就会另眼看你，要忍受你的骄傲和气焰，但要不了多久，他们会在工作上有意无意地抵制你，让你碰钉子。因此有了荣耀，要更谦卑。要不卑不亢不容易，但"卑"绝对胜过膨胀，就算"卑"得肉麻也没关系，别人看到你的谦卑，就不忍心找你麻烦、和你作对了。

你获得的荣耀，可能是你一生最引为自豪的东西，你可以在睡梦里偷偷地乐，但千万不要因此得意忘形，独享荣耀。因为这是一个强调集体荣誉的社会，明里暗里你都不能违背了大多数人遵循的法则。

方圆智慧

就算荣耀是你一个人创造的，你也不能一个人独享。感谢、分享和谦卑都是必要的。本来，很多事就不是你一个人能完成得了的。

04 擅长领会领导的真实意图

在日常生活当中，我们要学会善解人意。所谓善解人意，就是要善于

第三章 职场应对,方圆有术

察言观色,揣摩人心,"想对方之所想,急对方之所急"。一个精于观察领导意图的下属,不只特别注意领导的言行举止,还能够抢先一步,将领导想说而未说的话先说了,想办而未办的事情先办了,表现出极大的主动性。这样一来,领导自然会十分喜欢,从而自己也就有了更多被提拔和奖赏的机会。

任何人都喜欢被奉承、被吹捧,领导们也不例外。他们总是喜欢标榜自己好忠正、恶谄媚、近忠贤、远小人,但是没有几个人能够真正做到。他们的一些言行可能掩藏着他们的真实想法。如果给你一个热脸,你就贴过去,可能会烫伤你自己。只有那些善于领会上司真实意图的人,才能有针对性地采取行动,进则迎合领导的喜好,退则完好地保全自己,让自己在职场上游刃有余。

说到揣摩上司的意图,乾隆时代的和珅可谓是个中翘楚。和珅"少贫无籍,为文生员",直到乾隆四十年(1775年)才被擢为御前侍卫。自此之后,和珅便深得乾隆的宠信,平步登青云,曾兼任多职,封一等忠襄公,任首席大学士、领班军机大臣,兼管吏部、户部、刑部、理藩院、户部三库等。其为皇上荣宠之极,官阶之高,管事之广,兼职之多,权势之大,历朝罕见。那么,和珅是如何取得如此大的权势的呢?这很大程度上是因为他总是能够准确地揣摩出皇帝的许多真实想法。他曾对乾隆皇帝进行过细心的观察和研究,从而总是能够准确地掌握乾隆的心理变化和喜怒哀乐,甚至能够从其一言一行中猜出皇帝的真实意图。

和珅知道皇帝喜爱的是什么,也总是能让自己的各种行为得到皇帝的认同。乾隆皇帝一生喜欢作诗、书法。和珅为了迎合乾隆,早年便下工夫收集乾隆的诗作,并对其用典、诗(词)风、喜用的词句了解得一清二楚,有时能够加以唱和,十分讨乾隆的喜欢。乾隆是个重情重义之人,乾

先做人，后做事

隆的母后去世时,乾隆痛彻心扉,每日垂泪。和珅并不像其他皇亲国戚、官宦臣下那样一味地劝皇上节哀,他只是默默地陪在乾隆身边跪泣落泪,不思寝食,几天下来,整个人面无血色,仿佛比皇帝更为悲戚。如此能与皇帝同感共情的人,朝中除和珅之外,别无他人。乾隆还是一个非常诙谐的人,平时喜欢与臣下开玩笑。因此,和珅经常给乾隆讲一些市井俚语、乡间笑话,令皇帝龙心大悦,这也不是一般军机大臣所能做到的。

和珅长于揣摩,有时似乎能够钻到乾隆的大脑里去,准确猜出乾隆的想法。史书记载,一次乾隆出游,行至半途忽命停轿,但是却不说缘由,臣下都很着急。和珅闻知后,立即让人找到一个瓦盆递进轿中,结果甚合上意,皇帝溺毕便继续起驾。

第三章 职场应对，方圆有术

按照惯例，每次京城附近的科举考试，都是由皇帝自"四书"中钦命考题。他先让内阁送来"四书"一部，出完题后归还内阁。乾隆三十年(1765年)考试时，皇帝命题后，仍旧令内监将"四书"送还内阁。和珅问起皇上出题的情况，内监不敢多言，只说皇上将《论语》第一本从头到尾地翻了一遍，才微笑着欣然命笔。和珅沉思片刻，知道皇上一定是从"乙醯焉"一章中出题。因为乙醯两字含有"乙酉"二字，与这一年的年号相合。于是，和珅便通知他的学生，有针对性地准备，结果正如和珅所料，他的学生全部高中。由此可见，和珅的揣摩功夫非同寻常。

乾隆做太上皇时，曾有一次同时召见嘉庆帝与和珅。两人入室之后，乾隆坐在龙座上闭着眼睛，只在口中念念有词，也不知道是哪种语言。

先做人，后做事

一会儿,乾隆忽然问道:"这些人叫什么姓名?"嘉庆不知如何对答,和珅却高声应答:"高天德、苟文明(此二人都是白莲教的起义领袖)。"嘉庆听后莫名其妙,乾隆却满意地点点头。此后,嘉庆专门召见和珅问起此事。和珅说:"太上皇所诵读的是西域密咒。被诵这种咒语的人即使在数千里外,也会无疾而死,或大祸临头。奴才听闻太上皇诵这种咒语,料想所诅咒的者必是叛匪教首,所以就知道是那二人。"嘉庆听后恍然大悟,自叹弗如。

和珅对乾隆皇帝的脾气、爱好、生活习惯、思考方法了如指掌,可以充分做到想乾隆之所想,为乾隆之所为。从这点来看,和珅本可以成为君臣中善解人意的楷模,无奈他利欲熏心,以至于坏事做尽,最后不得善终。不过,如果能够立意良善的话,对身处下位者而言,这些都是非常有用的技巧。

方圆智慧

在竞争激烈的职场上,那些能得领导欢心的人,往往能够得到更快的提拔,也能够得到更多的奖赏。而取悦领导、赢得领导的欢心最重要的一点,就是要善解领导之意。

05 忠诚比能力更重要

在绝大多数领导看来,判断下属是好是坏的关键,往往在于其能否循规蹈矩,彻底奉行领导的意志,而至于他的能力,倒是在其次。不违背自己的意志、完全忠心于自己的人,才不会给自己造成威胁。对于领导者来说,忠心占据首要地位,能力不是问题。反过来说,从某种程度上,那些能力高而自由意志太强的下属,正是领导们的大忌。领导者们正是处于这样的两难之中:太能干的下属不敢大用,用了又不敢充分授权。经过对利害关系的仔细衡量,他们一般都会把真正的权力下放给那些没有什么能力,但是却绝对忠于自己的下属。因此,对于一个下属来说,如果你想赢得领导的欢心,取得他的信任,最为关键的一点就是:无论你的才能有多高,千万要表现出对你的领导绝对忠心。

卫青是西汉武帝时期的重要将领,他率军与匈奴作战,屡立战功。后来,他成为汉朝最高军事将领——大将军,并被封为长平侯。尽管如此,卫青从不结党营私,从不越权。汉武帝心狠手辣,刻薄寡恩,杀大臣如杀鸡,卫青在他手下自是战战兢兢。然而,卫青却最终从容地逃过大劫,无灾无难地以富贵终老。

公元前 123 年,卫青率大军攻打匈奴,右将军苏建率领几千汉军和匈奴数万人遭遇,汉军全军覆没,只有苏建一人逃回。卫青召开会议,商讨

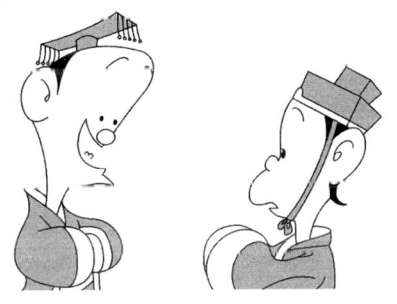

先做人，后做事

如何处置苏建。大多数将领建议杀苏建以立军威，卫青却认为，作为人臣，自己没有权力在国境之外擅自诛杀副将，而应当把情况向天子详细报告，让天子自己裁决，由此表现出做臣子的不敢专权。他把苏建关押起来，送往京城。最终，汉武帝把苏建废为庶人，对卫青也更加宠信，而苏建对卫青的不杀之恩也感激不尽。

由此可见，卫青在为人处世上，尤其是在处理与上级的关系上，有着高明的智慧。他虽立有大功，但从不恃宠而骄，自始至终都是谦虚谨慎，一味顺从武帝旨意，从不越权，以防武帝猜疑。一般诸侯都会招贤纳士，但卫青深知武帝不满意诸侯这么做，于是从不敢招贤纳士。正因为处处小心，时时留意，卫青才可以做到功盖天下而不震主，手握重兵而主不疑，最终能够富贵尊荣，寿终正寝。

南北朝时期，宋明帝刘彧因为是从侄儿刘子业的手上抢来的江山，得位名不正，言不顺，难以服众，所以一上台就为应付各地造反搞得焦头烂额。处于这样的危急关头，自然需要大量的军事人才。吴喜就是在这样的形势下毛遂自荐，而且一出马就为宋明帝立下了大功。

吴喜本是文人，曾任河东太守。他性情宽厚，在任期间，秉公执法，广施仁政，因此很受百姓爱戴，人们都称其为"吴河东"。由于吴喜深受百姓拥护，所以早年的流民造反，都被他平息了。在平叛藩王的三千大军时，吴喜只带了几十个人去"游说群贼"，经过一番诚恳的劝说，叛军即日归降。从这一点来看，吴喜的才能丝毫不亚于古代那些著名的文臣武将。而这次吴喜向刘彧自荐平叛，刘彧也只给了他三百羽林军。孰料，吴喜一进入敌人的地盘，当地百姓一听吴河东来了，竟望风归顺。这样，吴喜不但轻易平定了叛乱，而且还生擒了七十六个士兵和叛将，除了当场斩首的十七个首恶外，其实全部被吴喜给赦免了。吴喜以三百人的力量，于一个月内横扫江南,就此一鸣惊人,成为智勇双全的大将。

按理说,刘彧刚刚登上帝位,在这人心不稳的情况下,能得到像吴喜这样智勇双全的大将,应该感到万幸才是,但是事实却并不如此。吴喜并没有因为建立了大功而得刘彧的宠爱,反而为自己埋下了杀机。问题出在吴喜出征时曾对刘彧说,抓到叛将,不论首从,他都将就地正法,以正纲纪。刘彧嘴上并没有说什么,但是心中却暗暗叫好,因为他也正希望吴喜这么做。不料最后,吴喜却违背了他的承诺,未经刘彧的同意就擅自赦免战俘。刘彧认为,吴喜这么做,无非是想博得人情、笼络人心,这种人迟早会给自己带来巨大的威胁,岂能容他?!果然,没多久,刘彧便找了一个借口,将吴喜赐死了。

唐朝大将李勣战功赫赫,在太宗朝武将之中的地位仅次于李靖。毫无疑问,这样的一位重臣,唐太宗自然格外器重。

然而,太宗在临死之前却给太子李治留下遗言:"现在能帮你安定天下的武将,只有李勣一人。但是你对他没有什么恩德,我担心他会对你怀有二心。所以,我决定现在把他外放,如果他立即启程,你登位后,就马上把他召回,这样一来,你就算有恩于他了,而他也必定会感激于你,为你效命。但如果他有丝毫犹豫的话,就表明他心怀不轨,你必须立即杀了他,以绝后患。"幸亏李勣聪明,他很快便明白了其中的奥妙,因此一接到命令,连家也不回,就立刻回马上任,这才保住了一条老命。

很多人认为卫青的举止似乎过于谨慎,其实不然。汉武帝雄才大略、战功赫赫,但是也独断专行,桀骜自恃,对于那些犯了他的忌讳的人,无论才能多高,他都可以毫不怜惜地予以诛杀。卫青对此十分清醒,因此不管自己能力再高,权力再大,也要表现得很忠诚。正因为如此,卫青才能在这样一位领导者的手下保全自己,无灾无难地以富贵终老一生。

先做人，后做事

吴喜则刚好相反。他可以轻松地应付战场上的敌人,却没有弄清楚刘彧最想要的是什么。对于吴喜来说,释放叛将完全是出于一片仁心,而且这么做,说不定还可以为皇帝获取人心,多争取一些人才。但他万万没有想到,他的领导刘彧却是一个刻薄寡恩的人,只要是违背了他的意志,即使对于那些有功、有恩于他的人,不管功劳多大,他都会毫不留情地除掉,更别说委以重任了。

方圆智慧

无论在什么时候,无论下属才能有多高、功劳有多大,领导者们都在防备着,一旦有不忠心的行为出现,就会毫不留情地把他除掉。所以,下属一定要明白"忠诚比能力更重要"。

06　忠诚但不唯命是从

曾经有一本很畅销的书叫《致加西亚的信》，其中有这样的话："如果你为一个人工作，以上帝的名义，为他干！""如果他付给你薪水，让你得以温饱，为他工作，赞美他，感激他，支持他的立场，和他所代表的机构站在一起。""如果能捏得起来，一盎司忠诚相当于一磅智慧。"

对这些话，不同的人可能会有不同的理解。一般人会认为，这是对老板忠诚的体现，但却忽视了一个起码的原则：假如老板向你下达了错误的指令，你该怎么办？

比如，老板让下属撒谎。身在职场，经常会遇到这样的情况：老板有时会因为各种原因不想见一个人，或者不想听一个人的电话，他就会叮嘱你："某某找我的时候，就说我不在。"可是显规则告诉我们："诚实是做人之本，是事业成功的必备美德。"作为下属可能就别无选择了，你会若无其事地说："抱歉，张总今天没过来，你改日再来，好吗？"如果对方继续问，你会说："张总可能出差了，去哪里不清楚。"而实际上，老板就在你身边，你不是睁着眼睛说瞎话吗？如果你拒绝执行，肯定会得罪老板，并且可能因此失去工作。

其实，偶尔撒点小谎，如果对他人并没有造成多大的伤害，也是无可厚非的。但是，如果老板让你撒个弥天大谎，比如做假账，你可就得有坐牢的准备了。老板可能会用重金利诱你，但你要记住：一旦你犯了事，没有人能拯救你。你要提醒老板："你让我帮着你犯罪吗？"千万不要为老

先做人，后做事

板去做丧失原则甚至违背公德、违背法律的事。要知道,有的老板很坏,他可能利用你的忠诚陷害你,一旦出现问题就把责任全部推到你身上,让你一个人背黑锅,你就跳进黄河也洗不清了。

忠诚不是唯命是从,当老板让你做一件涉及违法犯罪的事情时,你一定要拒绝。

下面的案例,昭示了盲从老板的可悲下场:

几年前,一个实力很强的老板 A,刚刚与国外的一家公司取得联系,将合作进行一笔大的生意,不料,这个消息被竞争对手老板 B 得知。很快,老板 B 以更优惠的条件和国外的公司签订了协议。

老板 A 非常气恼,他找来了对自己忠心耿耿的下属小伟,想让小伟帮自己出口气。小伟 20 多岁,血气方刚,又加上东北人那种冲动的性格,当时就拍着胸脯表态:"老板您放心,我要让他尝尝苦头。"老板 A 长出了一口气,拍着小伟的肩膀说:"我不会亏待你的!"

果然,小伟找到了机会,趁老板 B 不注意,和手下几个哥们,把老板 B 一顿狠揍。可小伟万万没想到,他们出手太重,老板 B 被打死了。

公安机关立即介入调查,很快查到了小伟及其公司。在警方讯问人员的强大攻势下,小伟交代自己是受老板 A 指使。老板 A 却说自己并不知道这件事,他还冠冕堂皇地说:"大家都在生意场上做事,关系很好,我怎么能出此下策呢!"

虽然老板 A 也受到了惩罚,但小伟却永远失去了最宝贵的东西。试想一下,如果他当初理智地规劝老板,自己不犯傻去做这件事,就算被老板辞退了,也还有很多机会去做别的事呀。

小伟的错,不在于他的忠诚,而是不应该盲从。忠诚并不是绝对的服从。

下面提出两个建议,不妨参考:

1. 看懂你的老板

老板千差万别,但也有共同的特质。比如威严型的,在公司里整天板着脸,胆小的员工一看就战战兢兢,老板一安排任务就慌里慌张地接受;还有平民型的,和员工相处融洽,向员工下派任务,员工不好意思说"不"。如果你看懂了你的老板是什么类型的,就好对付了。不被威严吓倒,不被笑面迷惑,出错的概率就减低了。

2. 保持冷静的头脑

老板的某些指令,你凭直觉就能觉察出是错误的,是不可执行的,就坚决拒绝。而有些指令,经过老板的伪装,让你一时感觉不出来,你就要冷静地思考,权衡利弊。确定是该做的,就毫不犹豫地去执行;如果是不应该做的,并且将对自己产生后患,即使是接受了,也要想方设法推掉。

老板永远是以个人利益为主的,如果他利用你的忠诚去做不该做的事,一定拒绝。没有任何借口,因为你是自己的,要对自己负责。

方圆智慧

宁肯辞去工作,也不要和老板同流合污。职场行走,江湖险恶,你要练就一双火眼金睛,明断是非,只做正确的事,决不做错误的事。

07　在领导面前不妨装装"嫩"

俗话说:"人活一张脸,树活一张皮。"人人都爱面子,视尊严为珍宝,

先做人，后做事

尤其是做上司的更爱面子。若不慎做了错误的决定，或说了错误的话，如果下属直接指出或揭露他的错误，无疑是让他很没面子。也许，他会反过来教训下属道："怎么！当我连这个都不知道吗？你是不是存心让我难堪？"即使他们没有这么说，也一定会心中不悦，你给他的印象自然也就好不到哪里去，说不定哪天他还会找你的麻烦。

尽管人们口头都说"人尽其才"，但是在很多情况下，任何上司都有获得威信、满足自己虚荣心的需要，他们不希望部属超过并取代自己。因此，身为下属，如果你想处理好自己与上司的关系，不妨把自己表现得比上司"外行"一些或水平更低一些。

聪明的下属在和上司相处时，总是会千方百计地掩饰自己的实力，以假装的愚笨来反衬上司的高明，力图以此获取上司的青睐和赏识。当上司陈述某种观点的时候，他总是会装出恍然大悟的样子，拍手称好，深表敬仰；当他对某项工作有了好的可行之策时，不是直接阐发意见，而是用暗示的办法或在私下里及时告诉上司。同时，再抛出与之相左，甚至是很"愚蠢"的意见，让好主意从上司嘴里说出来。这样的下属，上司多半会倍加欣赏，对其青睐有加。当然，装"嫩"充傻也是要注意场合和时机的。

商纣王时期的箕子可以算是装"嫩"充傻的高手。箕子曾任太师，辅佐朝政，不料纣王昏庸无道，没日没夜地饮酒作乐，不理朝政。箕子劝谏了很多次，他都不听。纣王白天也关窗点灯，整日沉迷于酒色，最后竟然忘了日期了，问一问身边的人，他们也都陪他喝酒喝得糊里糊涂而不知道。于是，商纣王派人去向箕子打听，箕子心想："身为天下之主竟然忘记了日期，那国家还有什么希望呢。他们所有的人都不知道，如果我一个人知道的话，那我就危险了。"箕子便推辞说自己也喝醉了酒，不知道日期。商纣王昏庸无道，有人劝箕子离他而去。但箕子不忍离去，而是披头散发

装疯卖傻,常常又哭又笑。商纣王以为箕子是真疯了,于是把他关了起来。而箕子也借此保全了自己。

箕子的做法非常明白地告诉人们,无论在什么问题上,都不要表现出自己比领导者高明,要掩藏自己的智慧,遮蔽自己的能力,才能避免遭到猜忌。

韩擒虎是隋朝开国功臣,在平定陈国的战争中,他首先攻入陈国都城金陵,俘获陈后主。胜利后,他将自己在战争中的种种谋略、战术加以总结,写出一本书,书名为《御授平陈七策》,即皇帝亲自授予的平灭陈国的策略。这样一来,韩擒虎就把平陈一战的辉煌胜利全都归功于皇帝的指挥和部署,自己即便有功劳,也仅仅是有执行了皇帝意旨的苦劳而已。随后,韩擒虎把此书献给隋文帝杨坚,杨坚见到后,十分高兴,不但拒绝了韩擒虎的好意,要他留着写进自己的家史中,并且授以高官,赏以厚禄。韩擒虎此次谄媚可谓十分成功,一举两得,名利双收。

韩擒虎用实际行动给属下们上了一堂课,那就是在必要的时候,一定要学会将自己贬抑下来,将上司无限抬高。尤其是在有功劳的时候,最好能够向上司表明对方"有其成功",而属下只是"臣有其劳","有功

先做人，后做事

归上"，做下属的只有跑腿的功劳而已。不和上司争功，甚至主动送功于上，这样的下属，才会受到上司的赏识，也才有可能真正得到褒奖和提拔。

薛道衡是隋初大文豪，隋文帝时就备受皇帝信任，担任机要职务多年。当时的许多名臣如高颎、杨素等都很敬重他，皇太子杨勇及诸王都以和他结交为荣。隋炀帝杨广虽然是个暴君，但也颇有文才，很喜欢作诗，即位后，他延揽文人入朝，薛道衡也是其中之一。但杨广重视文人，主要有两个原因：一是因为他们跟他有同好，二是因为他想要用他们来表现自己比天下文人更有才华。

隋炀帝极其自负，他曾对别人说："别人总以为我是承接先帝而得帝位，其实论文才，帝位也非我莫属。"一次，杨广做了一首押"泥"韵的诗文，命大臣们相和，别人写的都很一般，只有薛道衡所和的《昔昔盐》最为出色，其中"空梁落燕泥"一句，将人去楼空的冷落景象描写得细致入微，堪称传神。隋炀帝闷闷不乐，很是忌恨，后来终于还是忍不住，找了个理由把薛道衡杀了，在杀他时，杨广还带着几分嘲弄的语气说："你还能再作出'空梁落燕泥'吗？"

和薛道衡一样，鲍照是南北朝的一位很有才华的诗人，他的诗曾被"诗仙"李白、"诗圣"杜甫所仰慕，可见其文才之高。鲍照曾在南朝宋孝武帝刘骏朝中担任中书舍人，刘骏也喜欢舞文弄墨，而且自以为天下第一，没有人可以与之相比。鲍照明白他的心思，于是在写诗作文时，故意写得粗俗不堪，以满足刘骏的虚荣心，以致当时有人怀疑鲍照江郎才尽。

鲍照故意装作"江郎才尽"，因为他知道只有这样做，才能保全自身，避免被皇帝加害。

> **方圆智慧**
>
> 被人怀疑事小,成功地保全自己,才是真正的头等大事呢!反之,只知道锋芒毕露,给自己的领导难堪,到头来吃亏的只能是自己。

08 良禽也要择木而栖

《三国演义》中有"良禽择木而栖,贤臣择主而侍",意思是说,鸟飞累了得找棵安全的树歇着,才能睡得安稳、安全,不被猎手捕杀;能征善战的骁将得寻个知人善任的好主儿,如此方能有用武之地。现如今,"良禽"比喻人才,是指有才干、有德行的人,"木"是人才展示自己的才华、发挥自己能量的一方天地。

俗话说:"人挪活,树挪死。"所以,明智的人懂得该"跳槽"时就"跳槽"。当然,"跳槽"前要做好充分的准备。要先弄清楚自己的目的,再来比较一下"旧"单位与"新"单位哪个更能满足自己的要求,然后再决定是否要主动辞职。

有的人一开始就投错了方向。如你投到袁绍、袁术、刘表、张鲁之流的门下,虽能强盛富足、耀武扬威于一时,但与之同归于尽之日也为期不远。如果你真的是田丰、沮授一类的盖世奇才,但碰到个"遇大事而惜身,见小利而忘命"的袁绍之辈,也只能是奇谋无着,死而有憾了。

领导往往能决定着一个单位的命运,其中也包括下属的命运。所以,宁要选好领导,也不挑好单位,如此才可成为贤臣良禽。例如曹操、刘备

先做人，后做事

与孙权，虽说开始时并不强盛，立国之路无比艰辛坎坷，但皆是胸怀大志、腹有良谋的帝王之才，称得上是"圣木"与"明主"。如曹操数哭典韦、苦留关云长，刘备三顾茅庐、摔阿斗等，都是"圣木"的表现。坚定不移地选择曹操、刘备与孙权的将士，大多有了好的归宿，而选择其他诸侯的将士要么改弦更张，弃暗投明，要么就被消灭掉。如果选择一个败家子打理的公司，你要么明智地丢掉饭碗，要么就等着让别人吃掉。

古往今来，人类历史上演过多少"良禽择木而栖"的悲喜剧。

在某出版社里，小冯可谓才不出众，貌不惊人，学历还是个大专，可是他年纪轻轻就做到了副总编辑。很多人都对小冯"坐升降机"式的升迁感到不解，想不通总编为何要不断提拔他？

这要从5年前说起，那时，出版社搞调整，社里遇到经济困难，又赶上一桩版权官司，如果出版社败诉，社里将雪上加霜。社里众多员工，包括几个编辑部主任都纷纷离去，当时只是总编办公室秘书的小冯坚持留下来，与总编一起为出版社存亡奋斗。

几个月过去了，版权官司还未了结，财务紧缩，员工薪水都发不出来。对于这场诉讼能否打赢，总编自己也失去了信心，他对小冯说：

"小冯，我非常感谢你的忠心，但你也知道，出版社快撑不下去了，你还是另谋高就吧！"

"总编，你要有信心啊！如果度过此劫就好办了。"

又3个月过去了，版权案结案。社里又争取到一笔贷款。先前的员工又陆续回来上班，小冯又帮社里抓了几本好稿子，出了几本好书，效益开始缓缓回升。总编感谢小冯的忠心，不忘提拔重用。他常拍着小冯的肩膀说："患难见真情，我总算找到知己了。你办事，我放心！"小冯的忠心得到了回报。

● 第三章 职场应对,方圆有术

可是,故事中的小冯与出版社、总编同舟共济是否值得鼓励呢?因为出版社幸运逃过了劫难,他才得以幸运晋升;如果出版社不幸倒闭呢?这里又提出一个新问题,当公司面临困境时应该怎么办?是"树倒猢狲散",另择高就,还是坚守"阵地"到最后?

传统的观念说,应该与单位同舟共济、共渡难关。可是,在这样压力巨大的时代,每个人都有自己的责任,员工毕竟要供养家庭,没有薪水又怎么能做到"死忠",所谓"军中不可一日无粮草"!更何况"良禽择木而栖"原本就是无可厚非之事。

老板就是老板,没有哪个老板会改变观念来适应部属。常在电影或戏剧里看到,部属和上司顶撞而产生争吵,最后部属占了上风,但这毕竟是在"纯属虚构"的影片里,在现实生活中并不多见。因为即使你在道理上、事实上占了优势,但发觉自己错了的老板,也不能容忍他的威信和尊严受到挑战。在这样的情形下,你的日子会不会好过呢?不好过的日子,你是不是就得另寻"良木"而栖呢?

换一种情形来说,本来你在这个公司干得不错,可是,突然有一天,你的老板换了,换了一个你不熟识的人。你又怎么办?绝对不要相信,新来

101

先做人，后做事

的老板还会像原来的老板那样，信任你、授权你、关心你。我们老祖先有句很出名的话，"一朝天子一朝臣"。老员工对新老板不服气，新老板对老员工不喜欢。于是，老板就会首先对不听话的、敢和自己对着干的员工开刀了，你无德无才，不开你立威，开谁？所以，历来新老板上任，总是要开除一批人，安排上自己的亲信。之所以现在隐忍不发，只是时机未到罢了，一年两载，总会把牌洗干净的。你不如赶紧给自己安排后路，除非你能迅速地赢得新老板的青睐。

良禽择木而栖，这是一个谁都能接受的观念。调查显示，对于自己的老板，如果认为他不好，有40%的员工会在一年内寻找新的工作。所以，不必因"择良木"而羞羞答答。

如果你的老板常犯以下错误，你就要考虑另择木而栖了：

第一，动不动就"炒人"。为老板工作，无非是为了赚两餐并希望有安定的日子过，所以"安全感"对打工者是很重要的。如果老板常常因为对员工表现不满意，就借故"炒员工鱿鱼"，或动不动就以辞退员工作为威胁的话，肯定会扰乱军心，弄得人心惶惶，员工又何不先走为上招儿呢？

第二，过分"干涉"与"控制"。"用人不疑，疑人不用"，但很多老板还是不能潇洒地做到这一点，常设法背后干涉或"操纵"员工的工作，处处监督员工的一举一动，有哪个员工愿意为这样的老板效劳？员工要有空间与机会发挥才能，有满足感与成就感才会心甘情愿地留下，否则就会走人。

第三，不为员工着想。大多数老板有了一定的经济实力以后，会考虑为员工提供一些福利。但他们好自以为是，根据自己的经验与判断，实施一些认为对员工有好处的安排、政策或福利。实行后，员工却发现对自己一点好处都没有，基本的保障也没有，谁还留下呀！

试问一下自己:"我会为这样的老板打工吗?"如果是否定的话,就赶紧规划自己的下一步,该跳槽就跳槽。毕竟自己的生存和发展才是最重要的。

方圆智慧

"女怕嫁错郎,男怕入错行。"这句谚语,若印证到职场生涯,"郎""行"也可指老板。如果你与老板不投缘的话,那你就得考虑另择良木而栖。

09 善于变通,左右逢源

方圆者面对困境时善于变通,会暗中留有后路,抓住和利用机遇,左右逢源。当然,这与他们丰富的经验和善于思考是分不开的。无论是在工作还是生活中,能够左右逢源、善于变通的人,便可以游刃有余,无往不利。

社会是一个大家庭,人际关系复杂多变,尽管很多时候我们想要保持自己的个性,不想被环境所左右,可是大局势已经摆在那里了,如果你还不懂得应变,就只有死路一条了。与其被动变化,倒不如在看清事情发展方向的时候,就主动改变自己,让自己因时而动,因事而动,使自己最终立于不败之地。

《红楼梦》中的大观园就是这样一个人际关系复杂、做人难的地方。

先做人，后做事

别看它一时富丽堂皇、景色优美，但生活在其中的人却个个心有委屈，惶惶度日，不得不有一些特别的心计。就拿平儿来说，虽然自己是一个聪明伶俐、长相清俊的上等女孩，但是却落到了贾琏、王熙凤的手里，一个俗得要命，一个心狠手辣，夹在这样的两人中间，左右难得做人，经常无故受到伤害。这一点就连宝玉都时常感念，叹她没有父母兄弟姊妹，独自一人应付贾琏之俗，凤姐之威，竟能周全妥帖，真是比黛玉更薄命。

说白了，平儿就充当了"暴君"手下"二把手"的角色。在王熙凤掌管大观园生死大权的日子里，平儿的地位既优越又尴尬。说优越，是因为她是贾琏的爱妾，凤姐的心腹，里里外外，谁敢不敬她三分？要说尴尬，自然是够尴尬的了，除了替二位主子干事不得人心之外，她自个儿并无威势，身不由己，不得不做些违心的事，说些违心的话。在这种情况下，关键就看平儿如何在委曲求全中把握自己，在忍辱负重中照顾周全了。虽然不能在人生的一时一地争强好胜，但愿能在审时度势时保全自己。

之所以说平儿是一个"聪明伶俐"的女孩，除了她做事不流于俗蠢之外，还在于她有自知之明和知人之明。就后者来说，她明白贾琏夫妇的为人，更明白众人对他们，尤其是对王熙凤的憎恶之情。对于王熙凤，或许她比任何人都了解得透彻。除了看到了她的口蜜腹剑、心黑手辣一面之外，还深知其内心之痛苦，对前途惶惶不可终日的一面。

平儿虽是凤姐的心腹和左右手，但在为人处世方面却一直在抽头退步，为自己留余地留后路，绝没有犯凤姐所说的"心里眼里只有了我，一概没有别人"的错误。她更不像凤姐那样把事做绝，把自己放在十分险恶、尴尬的位置。如果说平儿的让人感念有什么诀窍的话，那么此处便是。她对凤姐要事事顺着，让凤姐信任她，但是对于众人，她决不依权仗势，趁

第三章 职场应对,方圆有术

火打劫,而是时常私下进行安抚,加以保护。这样一来,一方面缓和化解了众人与凤姐的矛盾,另一方面自己也做了好人,为自己留了余地和退路。例如在第39回中,正值众姐妹一起坐着吃酒,平儿喝了一口就要走,原本是怕凤姐不开心,但是在李纨出口说道:"偏不许去,显见得只有凤丫头,就不听我的话了"的情况下,又正碰上婆子来传凤姐的话,劝平儿少喝

点酒早点回去,平儿就显得毫不含糊,即口应付:"多喝了又把我怎么样?"坐下来只管喝只管吃,顺应了众姐妹的意思,并非眼里心里只有"楚霸王"式的凤丫头。再比如在很多情况下,平儿在处理一些事情时,就比凤姐宽容得多,能得饶人处且饶人,结果赢得了上上下下的人心。李氏曾对平儿说道:"有个凤丫头,就有个你。你就是你奶奶的一把总钥匙。"殊不知,平儿待人接物倒有一把自己特殊的钥匙。

话又说回来,这"抽头退步"原本是王熙凤的话语,道理浅显易懂,但是王熙凤一生拼死拼活,至死也没有真正做到"抽头退步"。她自始至终心系利欲和权势,所以"抽头退步"对她来说,始终是一种人生策略和权宜之计;而平儿与王熙凤不同,她虽然也无法彻底摆脱利害之地,但是内心的善良,叫她对大观园中的人生悲剧有着更深的体验,知道人如果利欲

先做人，后做事

迷心，图财害命，必不会有人生的好滋味和好结果。正因深谙此道，所以凤姐死后，大观园一片败落，平儿却多次获得众人帮助渡过难关。

现代社会很多人抱着"清者自清，浊者自浊"的心态看待公司办公室里的明争暗斗，以为只要能独善其身就可以远离是非。但实情是，办公室里没有可以明哲保身的人，只要身在办公室，便是处在风暴圈，没有所谓的"台风眼"可以容身。很多人都天真地相信，只要自己有真才实学，专业过人，工作脚踏实地，又不惹是生非，总有一天老板会注意到自己这块璞玉。然而，结果往往事与愿违，因为专业不是升迁的唯一标准，躲在电脑后面，不与同事交流，不与领导交流，即使他的专业技能再好，也很难有机会成为领导者、管理者。

上班族应该认清办公室政治没有旁观者的事实，这是一场你不下场参赛就会自动被判出局的游戏。想要独善其身的人，下场可能是被大家遗忘，甚至说不定哪天你就得卷铺盖走人。当然，这不是鼓吹上班族在办公室里兴风作浪，你可以不必下场参与混战，但却必须保持消息灵通，随机应变。自古以来，中国人都讲究中庸之道，在办公室生存，亦需遵循此道。

当今社会，不但要求你会做人，而且要求你会办事。因为这个社会，已经发展得非常注重效率。擅长解决问题的人，就是会办事的人。做人要时刻注意为人处世的原则、方法和技巧，要善于应对不善交际、无法协调好人际关系、不能较好地把内在的美德变成外在的美行等问题，学会把个人体面地融合在群体之中。这样，你就朋友多多，道路通畅，做起事来也就顺风顺雨了。

方圆智慧

人在不同的环境中求生存,就要学会善于变通,左右逢源。暗中给自己留有后路,千万不可让自己处于绝境之中。

第四章
从商之道，名方实圆

商场竞争，讲求计谋。除了要有圆融的智商，懂得布局，抓住机遇，还要有自己的原则和做事的准绳。不管竞争是怎样的形势，也不管自身的处境面临怎样的艰难，都要做到"快、准、狠"。

先做人，后做事

01　目光长远，持之以恒

成功者之所以能够成功，是因为他们不沉溺于眼前利益，而是着眼未来，从而创造更为耀眼的辉煌。他们在做每一件事情的时候，坚忍不拔，只要坚定了方向，便毫不退缩，持之以恒。

胡雪岩本是浙江杭州开泰钱庄里的一名小伙计，由于他聪明机灵，就被派出去收账。这对精于做生意的胡雪岩来说，是远远不能满足的。

恰好杭州有个叫王有龄的小官，正想捐个知县，可惜苦于手头上没钱，只好作罢。胡雪岩知道了，便觉得这是一个千载难逢的机会。

于是，胡雪岩前往县衙拜访王有龄。王有龄清茶待客，诉说心中苦闷："现如今，做大官的发大财，做中官的发中财，做小官的发小财。只是苦了我们这些走卒小吏，就那么几个辛苦钱。现在我已是中年了，却困于穷，守于穷。什么时候才能发迹，什么时候才能光宗耀祖啊？"

胡雪岩也随声附和道："我们经商也不妙啊！你瞧那些有门路的，一个个托关系，靠人情，发迹了。如今这世上只有狠着心肠的人才能发家致富。我是一个小商人，心肠软，又没有门路，只能小打小闹了。"

这王有龄是个"有孔必钻，见缝插针"的方圆高手，他说："古人云：'为善无近名，为恶无近刑，缘督以为经，可以保身，可以全生，可以养亲，可以尽年。'意思是说做了世上所谓的善事却不贪图名声，做了世上所谓的恶事却不至于面对行戮的屈辱。遵从自然的中正之路并把它作为顺应事物的常法，这就可以护卫全身，就可以保全天性，就可以不给父母留下

第四章 从商之道，名方实圆

忧患，就可以终享天年。这无疑是在教人们投机取巧，钻一切空子来发展自己。庖丁解牛，彼节者有间，而刀刃者无厚，以无厚入有间，恢恢乎其于游刃必有余地矣。以无厚入有间，游刃必有余地。我们也可以像庖丁那样，抓住空子，发挥才能。"

王有龄又说："雪岩兄，不怕你见笑。如今我正想求官，可又手头无钱。人道是：'有钱能使鬼推磨'，没钱可就'十揭朱门九不开'。你有何妙计吗？"

胡雪岩说："愚弟愿倾家荡产，助兄一臂之力。兄长放心，我一定办到。"

王有龄说："我富贵了，绝不会忘了你。"

胡雪岩不只是说说而已。他"把一切事放下"，回家后就清理家产，

一共筹集了8000两银子，全都送到王有龄家。王有龄万万没有想到胡雪岩与自己素昧平生，却如此慷慨相助，顿时感动得热泪盈眶。他随即打点行李，怀着满腔的感激前往京师求官去了。

有人嘲笑胡雪岩拿8000两银子资助一个冗吏，实在太不值了。对此，胡雪岩毫不在意。他这么做，并不是没有目的的，他相信王有龄一定

111

先做人，后做事

会发达。这是一场赌博,需要勇气,更需要有长远目光。胡雪岩赌的就是王有龄的将来,他坚信他的钱不会白花,王有龄一旦发迹是绝不会忘记他的。正所谓"放长线钓大鱼",胡雪岩是把注押对了。

一天,一个身着官服的人来到胡雪岩家,此人正是王有龄。他说:"你的8000两银子让我得了浙江巡抚一官。你帮了我,我自是没齿难忘。如今我做了浙江巡抚,手中也有了一定的职权。你若有什么事需要我帮忙,就向我说一声。"

胡雪岩心里明白,如果太急功近利了,反而会招人笑话。放长线钓大鱼,凡事不必急于一时。于是,胡雪岩说:"王兄,愚弟祝贺你福星高照。目前,小弟也没什么事。今日我们痛饮,预祝王兄今后前程无量,风光无限。"

王有龄是个重情重义之人,自此以后,他特别照顾胡雪岩,利用手中职权令军需官只需到胡雪岩的店里购物,而且不论多高的价钱。胡雪岩有了王有龄这个靠山撑腰,生意越做越红火。不久,胡雪岩又扩大了铺面,不仅做丝茶生意,还做别的生意,并且搜罗了一批人开钱庄,设赌局。没几年工夫,胡雪岩就成了浙江一带有名的富商。他与王有龄的关系也更加密切了。

胡雪岩战略性地把那8000两银子押在了王有龄身上,在人们的冷嘲热讽下毫不动摇,最终获得了一般商人无法得到的利润。

凡成大事者,都拥有非凡的战略远见。仕途如此,霸王宏图如此,商业行为亦如此。美国作家唐·多曼在《事业变革》一书中认为,"把眼光放长远"是踏上成功之路的一条秘诀。要想在瞬息万变的商业竞争中争得主动权,占有一席之地,就要把目光盯在远处,及时调整战略,并咬紧牙关,握紧拳头,顽强地朝着目标迈进。

第四章 从商之道，名方实圆

20世纪60年代末期至70年代初期，香港流行起了炒股。狂热的投资，助推了一阵比一阵更高涨的"上市狂潮"。

1973年3月，在这股暴涨狂潮中，恒生指数升至1170点的高位。然而好景不长，在随之而来的时间里，变幻无穷的世界经济袒露了它神秘莫测的另一面。1973年中期，在世界石油危机的猛烈冲击下，香港经济受到巨大影响，出口市场萎缩，股票市场大跌，并且跌去市值七成以上。整个香港的经济，特别是其中占有显著地位的房地产、金融业更是惨淡。

这段时期，李嘉诚在经营股票方面进一步地表现出他的远见卓识、高超的理财技能，以及对事物发展规律的超乎寻常的领悟力。

1972年10月，香港股市处于牛市，挂牌上市的长江实业充分吸纳社会上的闲散资金，并将巨额现金投放于大量物业的低价收购上。由于对房地产业的发展前景看好，就在人们用低价卖出物业并用所得的钱去购买股票时，李嘉诚统率他的长江实业一边发行股票，一边将发行股票所吸纳的资金成批地收购那些低价出售的物业。

1973年末至1975年，李嘉诚曾两次发行新股，集资1.8亿元，趁世界经济严重衰退、香港市场大幅度波动、地产处于低潮之际，成功地大批购入楼宇地皮10多个地盘，主要购入鱼涌太古一号地盘；与亨隆地产投资有限公司合作发展位于九龙亚皆老街地盘；与新鸿基、永泰新世界联合组成"有得置业公司"，投得位于沙田小沥源之沙田市地段第一号土地幅；与加拿大帝国商业银行合作透过直属联营机构成立"加拿大恰东财务有限公司"之附属公司，购入港岛北角，比1972年公司上市时的决定资本2亿元增加了一倍以上。全年除税后之综合纯利达5887.9万元，另有经常性收入653万元，仅租金纯收入即达2192万元。

1975年3月27日，长江实业决定授权董事局发行新股2000万股，以

先做人，后做事

每股 3.40 元的价格全部发行配售给李嘉诚。该项新股之权益与现行发行之股份相同，但不能享有 1975 年和 1976 年所派发的任何股息。李嘉诚则将自己手上持有的长江实业股份中，取出 2000 万股交与获多利有限公司，以私人配售方式，照每股 3.4 元的价格全部包销。配售取得资金将用以购买此次发行 2 年无股息之全部新股，目的在于吸收 6800 万元现金，为该集团准备充裕的资金，在即将复苏的香港经济中大显身手，并可使长江实业股票更广泛地分配给各大公司机构及社会人士持有。

在香港，能否利用股票市场，关系到每一个企业的成败。一般来说，投资股票必须根据本地"市场走势"和整个世界经济的发展，确立熊市或牛市的趋势，然后决定买入或卖出。

许多地产公司不谙此道，在股市疯狂时期将上市集资所得悉数购买高价的股票，结果在股市大跌中焦头烂额，一败涂地。但长江实业却能从股市上升中获得大量现金，趁地价低落时期购入大量地盘。经营手法之高明，唯有李嘉诚这位"股市高手"掌舵才可行。

1977 年长江实业突飞猛进。李嘉诚看准了地产市场，集资将当时法定资本港币 2 亿元增加至港币 3 亿元，即增加票面值每股 2 元之股份共 5000 万股，发行每股票面值港币 2 元之新股 2000 万股，以每股港币 5.6 元价格并由获多利有限公司以配售方式全部包销，获得新资金 1.1 亿元。同时又与国际银行签订 4 年长期贷款。上述两项新资金共 3.1 亿元，为长江实业在 1977 年进行庞大投资奠定了雄厚的经济基础。到 1981 年，跃至 13.85 亿港元，首次突破 10 亿元大关。

果然不出李嘉诚所料，长实在 6 年间盈利增长近 30 倍。1988 年，李嘉诚的事业再攀高峰，与汇丰银行联手合作，重建了位于中区黄金地段的华人行大厦。由于李嘉诚出色的财务管理，长实集团在短短几年内获得了飞速发展。

经商者要具有战略性的长远目光,从当下看没利,并不代表将来没利。能不能放开眼界,从近期的短暂利益中走出来,这是最重要的。"吃亏学"的方圆经商之道正在于此。

方圆智慧

眼光长远并持之以恒,加上成功者所必须具有的魄力,才能在瞬息万变的商战中立于不败之地。

02 以己之长攻人之短

方圆者不仅要懂得"知己知彼,方能百战不殆"的道理,还要学会运用"以己之长,攻人之短"的谋略。无论是对于为政者,还是为商者,这都是一个必不可少的竞争手段。看清自己在哪些方面占有绝对的优势,在哪些方面又处于相对的劣势;竞争对手对自己最大的威胁是什么,自己战胜竞争对手的控制局面的机会又有多大。只有以己之长攻人之短,发挥自身的竞争优势,才能在竞争中处于不败之地。

春秋时期,晋国的栾氏家族把持朝政,势力强大。

栾氏家族的头面人物栾盈身居要职,从不把朝中其他大臣放在眼里。他随意安插亲信死党,谁若反对必遭无情报复。

看到百官屈服,有一次,栾盈得意地对手下心腹说:

先做人，后做事

"朝廷内外都是我的人,我真不知道还有谁敢和我作对,我们可以放心享乐了。"

心腹齐声恭维栾盈,只有一人对栾盈提出异议:

"大人势大权重,说一不二,百官现在只是无奈服从,并不是真心拥戴。大人为保久长,当不要以权势压人,一味打击,这样他们心中不服,终会闹事的。"

栾盈听之即笑,说:

"我权势在手,党人众多,还用得着礼贤下士吗?闹事者必败,他们凭什么能战胜我栾盈呢?"

栾盈结怨甚多,朝中大臣范匄便暗中联络反对栾盈的人,范匄对他们说:

"栾盈结党营私,凌辱百官,他虽有权势,但不得人心。我们尽管弱小,只要联合起来,攻其不备,失败的未必就是我们。"

遭栾盈迫害的人同仇敌忾,他们抱着必死的决心发动攻击。栾盈做梦也想不到会受到攻击,措手不及,狼狈不堪地逃到了国外。

栾盈先到了楚国,后来又到了齐国。齐国想利用栾盈来破坏晋国的稳定,于是把他偷运回栾氏的封地曲沃城,支持他发动叛乱。

栾盈在曲沃城一呼百应,很快便拥有了一支强大的军队。栾盈又嚣张起来,他对手下人说:

"从文公以来,我们栾氏一直是官高位显,无人能比。先前我猝不及防,这才会让小人一时得逞。不过斗争终要靠实力,那些乌合之众怎能抵挡得了我的大军呢?"

曲沃大夫胥午和栾盈交情深厚,当栾盈向他求助时,他劝栾盈说:

"你先前不施恩德,只讲强权,遂有大难。如今你制造变乱,兵强马壮

第四章 从商之道,名方实圆

又有什么用呢?这会招致天下人的反对呀。你不要再争了,我看是毫无希望。"

栾盈百般恳求,说道:

"大错铸成,悔之莫及,我只想日后极力补救。现在是箭在弦上了,不得不发,难道你忍心袖手旁观吗?"

胥午碍于情面,最后答应助他。胥午私下和朝中大臣魏舒取得联系,由魏舒做内应。

栾盈大军步步逼近的消息传来,朝中百官无不胆战心惊。已执掌权力的范匄见人心动摇,忙安抚百官说:

"栾盈反叛朝廷,大逆不道,他是不会成功的。我们顺应天意,是正义之师,为正义而战,上天都会保佑我们。"

大臣乐王鲋坚定地站在范匄一边,他分析说:

"栾盈看似不可战胜,其实他有致命的弱点,那就是他孤立无援。现在朝中和栾盈关系好的只有魏舒,只要把魏舒控制住,不让他们联手,栾盈就必败无疑。"

范匄于是派自己的儿子范鞅劫持魏舒入宫。一见面,范匄便十分客

先做人，后做事

气地对魏舒说：

"贸然相请，实不得已，为了晋国的安危，只好委屈你了。你是个明白人，怎会糊涂地和栾盈搞在一起呢？栾盈无信无义，我看他只是利用你罢了。"

魏舒垂头丧气，推托狡辩，范匄为了笼络他，许诺说：

"只要你忠于朝廷，不助贼人，便是晋国的大功臣。我答应你一待叛乱平息，曲沃城就归你所有。"

魏舒被拉到朝廷一边，栾盈的气势大减，军心动摇。不久，栾盈的叛乱就被平定了。

世界上没有绝对的强者，再强大也不是无懈可击。站在高端的人倘若以为自己无敌天下了，这本身就说明他对人与世界缺乏完整的认识。人都是有弱点的，称王称霸者的弱点只是不明显罢了。胜败也不是全由强者操纵的，抓住强者的弱点，以长击短同样能取得胜利。

以长击短，向来是方圆者使用的计谋。他们充分发挥自身的竞争优势，找准攻击对方的突破口，使自己在竞争中处于不败之地。

1940年8月15日，德国在出动100多架次飞机轰炸太恩河地区的同时，还出动了800多架次飞机大规模地空袭英国南部的空军机场，企图一举摧毁英国的战斗机群。但是，英国空军早已采取措施，把7个战斗机中队转移到北方机场。结果，德机不仅扑了空，还被击落了30架。9月7日，德国再次出动372架次轰炸机和642架次战斗机，分两批集中攻击英国伦敦。英国空军改变战术，用少数"喷火"式战斗机去对付在高空掩护的战斗机，而集中"飓风"式战斗机攻击德国缺乏防御能力的轰炸机，最终取得了显著的战果。

以长击短，是历代军事家指挥作战的取胜之道，是劣势装备者战胜强大敌人的有效战法。采用以长击短的战略,弱小的军队虽然处境危急,但仍可转危为安,转败为胜。制胜的因素是多方面的,就军事谋略而言,以长击短是其中之一。

方圆智慧

方圆者必须具备高深的方圆功夫,也可以凭借实力,恃强凌弱,使胜利倾向自己这方。这虽然不合乎情,但合乎理,实力就是自己的长处。

03　将欲取之,必先予之

"将欲取之,必先予之",是我国古代军事上的一种暂作让步、待机索取的兵战策略,这对经营管理者也有着重要的借鉴意义。

清末红顶商人胡雪岩曾说:"放长线钓人鱼,要想取之,必先予之。"做任何事情都不能只想着索取,在想要得到好处之前,应该学会先给予别人。付出的越多,得到的才会越多。如果只是一味地捂着自己的口袋,不愿意先付出,那么就可能什么都得不到。

日常生活中,我们经常会看到一些商家在开业典礼或节假日期间大搞促销、让利、打折、返券等各种优惠活动,这其实是在招揽顾客,用先"给予"的方式回报顾客,拉动消费,从而更大程度地增加自己的收入。而这种活动,往往也总能吸引客户,让商家达到目的。

胡雪岩就是一个非常懂得"舍小利趋大利,放长线钓大鱼"的商人,

先做人，后做事

他认为，做什么事情都不能只想着索取，如果一个人总是为蝇头小利而斤斤计较，那就很难成就大事。因此，只有懂得付出的人，才能得到更多的回报。

胡雪岩在其一生的经商活动中，就很明显地突出了一个"舍"字。但他的"舍"，不是漫无目的、没有原则的"舍"，而往往是带着更深一层的含义。他总是能通过自己的"小舍"，来赢得别人不能得到的"大利"。

1860年的八月初八，良辰吉日，装修得富丽堂皇的阜康钱庄开张了。尽管钱庄的背后有朝廷官员王有龄的支持，也有各同行的友情"赞助"，但胡雪岩明白，做钱庄生意的第一步是要闯出名声。只有让人感到在这里存钱安全，有利可图，才能在广大储户中打开局面，增加自己吸纳资金的数量。那么，怎样才能解决这个问题呢？反复思索之后，胡雪岩想出了一条"舍小利趋大利，放长线钓大鱼"的妙计。

胡雪岩找来总管刘庆生，吩咐他给抚台和藩台的家眷们都开了户头，并替他们垫付底金，再把折子送上家门。胡雪岩认为，虽然这些太太、小姐们的私房钱不多，算不上什么生意，但她们收到免费的户头后肯定很高兴，她们会四处相传，这样和他们往来的达官贵人岂不知晓？别人对阜康也就另眼相看了。果然不出所料,刘庆生把那些存折一一送出去后没几天,就有几个大户前来开户,钱庄的生意一下子好了很多。

胡雪岩还特别注意吸收下层社会人们的储蓄存款。因为他知道,在中国这个人口众多的国家,下层社会人员占了绝大多数,尽管他们每个人的存款并不是很多,但是积少成多,小河流也能汇成汪洋大海。更重要的是,下层社会中有些人虽然地位不高,看起来很不起眼,但是由于其所处的位置特殊,往往在事情的发展中也能起到意想不到的作用。这一点很重要,胡雪岩看到了,也适时地利用上了。

在让刘庆生开的16个免费存折中,有一份是胡雪岩特地为巡抚衙门的门卫刘二爷准备的。由于胡雪岩跟官场的关系,经常出入巡抚院,跟刘二爷也算是老相识了。而且,刘二爷虽是门卫,但由于其所处的特殊位置,信息十分灵通,以后或许会在某个方面得到他的帮助,而胡雪岩并没有因为自己是富商而看不起守门人的做法也让刘二爷十分感动。

后来,一个偶然的机会,胡雪岩从刘二爷那里得到了一个极其重要的商业信息,胡雪岩因此又掌握了一次先机,大大地发了一笔财。这次的成功获利,难道不是得益于他当初"舍"给看门的"老头儿"刘二爷的一笔小财吗?

佛语有云:"舍得舍得,不舍不得。"在现实生活中也是如此,有付出才会有回报,只有能够"舍"才能够"得",舍得"小利",才能获得"大利"。反之,如果做只盯着自己眼前"小利"的"近视眼",或者是一毛不拔的铁公鸡,那么,别人也就不会帮你,你也就只能停留在自己原来的水平,甚至是倒退。因为别人都在"舍小利趋大利"地往前走,你不进步就等于是在倒退。

美国著名的可口可乐公司,为了打开中国市场,并没有一开始就向中

先做人，后做事

国倾销商品，而是采取"欲将取之，必先予之"的办法。先无偿地向中国提供价值400万美元的可乐灌装设备，耗费巨资在电视上做广告，提供低价浓缩饮料，吊起经营者的胃口，使经营者乐于生产和推销美国的可乐。而市场一旦打开，再要进口设备和原料，可口可乐公司就要根据经营者的需求情况来调整价格，抬价收钱了。

十多年来，美国的可口可乐风靡中国，生产企业由一家发展到数十家，销量、价格也成倍增长。美国人赚足了钱，无偿供给中国设备的投资早已不知收回几十倍了。

方圆者懂得，"先予"能使别人对他们产生一种信任感，降低或忽视对他们的防范。而他们却悄无声息、不落痕迹地用冷静和智慧的眼睛观察大局，如此一来，取，便顺理成章，水到渠成，何愁不能获得无穷的回报呢？

康熙十四年（1675年），清朝在全国的统治还很不稳定。为巩固清朝政权，安定人心，康熙毅然决定改变清朝不立储君的习惯，把他的第二个儿子胤礽立为皇太子。

作为皇太子的胤礽，为保住自己的地位，希望康熙帝早日归天，自己好尽快登上皇帝的宝座。为此，他与正黄旗侍卫内大臣索额图结成党羽，进行了一系列抢班夺权的活动。后来，康熙发现了他们的阴谋，下旨杀了索额图。没想到胤礽不知收敛，更加猖狂，不得已，康熙于四十七年（1708年）九月，废了胤礽的皇太子头衔。

皇子们见太子已废，争夺皇储的斗争更加激烈。他们通过各种渠道探听康熙的意图，打发皇亲国戚到康熙面前为自己评功摆好，搞得康熙"昼夜戒慎不宁"。迫不得已，康熙在废掉太子后的第二年三月又复立胤礽为皇太子，以让诸皇子死了争夺太子的野心。

第四章 从商之道，名方实圆

在皇太子废立过程中，诸皇子们使出浑身解数，最成功的要属皇四子胤禛。在诸皇子的明争暗斗中，胤禛采用的是不争而争之策。

皇太子被废之后，胤禛没像其他众皇子一样，落井下石，而是采取维持旧太子地位的态度，对胤礽关怀备至，仗义直陈，努力疏通皇帝和废太子的感情。他明白康熙希望他们手足情深，不愿意看到皇子们反目成仇。

除了尽心关怀胤礽之外，对于康熙的身体，胤禛也最为关心体贴。康熙因胤礽不争气和皇子们争夺储位，一怒之下生了重病。只有胤禛和胤祉二人前来力劝康熙就医，又请求由他们来择医护理。此举也深得康熙的好感。

诸皇子中夺位最激烈的是胤禩。胤禛同胤禩也保持着某种联系，其实他心里不愿意胤禩得势，但行动上绝不表现出来。表面上来看，对于胤禩当太子，他既不反对也不支持，让人感觉他置身事外一般。

对其他兄弟，胤禛也总在康熙面前替他们说好话，或在需要时给予支持，康熙评价他是"为诸阿哥陈奏之事甚多"。当胤禧、胤祁、胤祕被封为贝子时，胤禛启奏道，大家都是亲兄弟，他们爵位低，自己愿意降低世爵，以提高他们，使兄弟们的地位相当。

123

先做人，后做事

在众皇子为争夺皇太子之位闹得不可开交时，胤禛仿佛置身于局外，没有明火执仗地参与其中，而且还替众兄弟仗义执言。这些都被康熙看在眼中，欣慰之余，特传旨予以表彰：

> 前拘禁胤礽时，并无一人为之陈奏，唯四阿哥性量过人，深知大义，屡在朕前为胤礽保奏，似此居心行事，真是伟人。

胤禛在这场诸皇子争夺皇太子之位的斗争中，不显山、不露水，以不争之争的斗争策略取得了成功。一方面胤禛赢得了康熙的信任，抬高了自己的地位，密切了和康熙的私人感情。康熙一高兴，把离畅春园很近的园苑赐给了胤禛，这就是后世享有盛名的圆明园。康熙秋猎热河，建避暑山庄，将其近侧的狮子园也赏给了胤禛。

另一方面，胤禛在争夺储位的诸皇子之争中，保持低姿态，使其他皇子们认为他实力不够，对他不以为意，不加防范，使他有机会发展自己的势力。

结果，康熙在病重之际，把权力交给了胤禛，胤禛后来居上，脱颖而出，成为新帝，即雍正皇帝。仔细分析，其实这也是胤禛"将欲夺之，必先予之"策略的典型应用。

"将欲夺之，必先予之"，作为一种高明的战略思维，是充满睿智的，也深为古今中外众多方圆者所青睐。在现代的战略谋划中，依然显示着古老而又蓬勃的智慧生机。《管子·牧民》中说："故知予之为取者，政之宝也。"先予后取，舍小利趋大利，不仅仅是从宏观的角度出发，用于治国、富国的一种重要的指导思想，而且从微观上来说，也是一个成功的商人从事经营活动所应具备的正确的思想方法。所以，明智的战略决策者总是善于从全局出发，有选择、有重点、有目的地放弃。舍弃的度必须把握好，在重大利益面前，如果把握不当，势必影响到从上到下的民众情绪，甚至可能在决策者内部产生争论和分歧。在这种关键时刻，决策者要有坚强的决心和必胜的信念，一定要顶得住内外的多方面压力，要有恢弘的全局战略眼光。所以，一旦在准确分析的基础上做出决断，就不要轻易受外界影响而动辄发生变更。

方圆智慧

> 方圆者都深谙"放长线钓大鱼，欲取先予"的道理，他们要么吊足你的胃口，要么首先取得别人的信任、好感，使人们被他"善良"的外表所迷惑，进而再实施他的计划，最终水到渠成地达到他的目的。无论是在现在的商界，还是以往的政界，这都是方圆者所经常使用的手段。他们用看似平常的言行，"轻而易举"地取得自己想要的，他们把"名方实圆"运用得不留一点痕迹。

04　酒香也怕巷子深

古语说"酒香不怕巷子深""皇帝的女儿不愁嫁"，国外也流行"好酒无需青藤枝"的名谚。这些话所折射出来的道理是：只要质量好，价钱公道，即使不做广告宣传，也会门庭若市。从某种程度上来讲，这些话是有一定道理的，人们之所以能够"不怕巷子深"，关键在于"酒"本身的香醇，如果没有这个前提和条件，恐怕就不会有"不怕巷子深"的结果了。的确，产品过硬是一种绝对的优势，但如何使这种优势大放异彩，使更多的

先做人，后做事

人知道,却不是一件轻而易举的事。

在保守社会,"推销自己""自我宣传"向来被视为心有所图的卑劣行为。大多数人认为,只有自己知道自己的本事就可以了,才能不受重视,或不为人知,又有什么？但是,如果坚持这种想法,你只能默默无闻,一显身手的机会绝不会自动轮到你的身上的。古时候"毛遂自荐"的故事不正好反映了这个道理吗？

毛遂是赵国平原君的食客。公元前260年,赵国在"长平之战"中大败,秦国乘胜追击包围了赵国首都邯郸,平原君受命去楚国求救兵。事关重大,他做了精心的准备,决定从食客中挑选二十位智勇兼备的人作为随从,选好十九人后,平原君有些犹豫,不知下面该选谁好。

此时,众食客中一位叫毛遂的人走到前面,自己推荐自己随同前往。

平原君仔细打量了几眼毛遂,觉得没什么印象。他想:此人其貌不扬,不会是什么杰出人物,若有本事应该听过他的名字才对。于是,心中便有了拒绝他的念头。

平原君问:"你来这里,有几年了？"

"已有三年。"

"有能力的人犹如锥子一样,如将锥子放进口袋时,锥尖就会刺出袋子外面。你在我这里已有三年,我怎么却记不起你的名字,我凭什么相信你的能力呢？请回吧。"

毛遂并不退回,他接过话茬道:"你所说的是放在袋子里的锥子,但是你并没有把锥子放在袋子里过啊。如果你把锥子放进袋里,就知道它的锥尖不仅会穿袋而出,而且会刺伤身体。"

毛遂这番话,说得很新鲜,平原君决定录取他做第20名随从。试想一下,如果毛遂当时默默地不吭声像个闷葫芦,好事哪里能轮得着他？因

第四章 从商之道，名方实圆

此，你纵有天大的本事，非凡的才能，若不想方设法在人前显露出来，人家一样会认为你是平庸之人。

方圆者深知"产品好卖靠包装"的道理，于是他们就把"王婆卖瓜自卖自夸"的宣传方式熟烂于心。虽然自古以来，"酒香不怕巷子深"这句话总是为人津津乐道，可是时代在发展，酒香也怕巷子深。产品没有宣传，企业就没有效益，产品未被消费者所获知，没有客源，产品积压，生产受到影响。为了解决这些问题，广告应运而生，并在社会中发挥着重要的作用。

在全球消费者心目中，万宝路（Marlboro）无疑是知名度最高和最具魅力的国际品牌之一。从销售数量来说，全球平均每分钟消费的万宝路

先做人，后做事

香烟就达 100 万支之多！可以说,不论是吸烟者还是非吸烟者,对万宝路的世界形象和魅力都有着深刻的印象。

1854 年,万宝路公司还是一家不起眼的小店,直到 1908 年,该店才正式以品牌 Marlboro 形式在美国注册登记,1919 年成立了菲利普·莫里斯公司。在当时,可能谁也不会想到万宝路香烟会在未来风靡全球。

在万宝路创业之初,该创始者把万宝路定位为女士烟,针对广大的女性消费者。其广告是:像 5 月的天气一样温和。然而事与愿违,尽管当时美国吸烟人数年年上升,但万宝路香烟的销路却始终平平。女士们经常抱怨香烟的白色烟嘴会染上她们鲜红的口红,很不雅观。鉴于此,莫里斯公司把烟嘴换成红色。但这样的努力并没能挽回万宝路女士香烟的命运。莫里斯公司终于在 40 年代初停止生产万宝路香烟。

第二次世界大战之后,美国吸烟人数持续上升,万宝路把最新问世的过滤嘴香烟重新搬回女士香烟市场并推出三个系列:简装的一种,白色与红色过滤嘴的一种,以及广告语为"与你的嘴唇和指尖相配"的那种。当时美国香烟消费量一年达 3820 亿支,平均每个消费者要抽 2262 支之多,然而万宝路的销路仍然不佳,甚至知道这个牌子的人也极为有限。

一筹莫展的莫里斯公司于 1954 年找到了当时非常著名的营销策划人李奥·贝纳,把"怎么才能让更多的女士购买消费万宝路香烟"这一课题交给了他。作为一个策划课题的承接者,李奥·贝纳面临着这样的资源处境:既定的万宝路香烟产品、包装等。同时,他又面临着这样的任务:让更多的女士熟悉、喜爱从而购买万宝路香烟。如果李奥·贝纳完全限于莫里斯公司提出的任务和既定的资源,循着扩大女士香烟市场份额的思路进行策划,那么风靡全球的万宝路就不会出现在这个世界了。幸运的是,李奥·贝纳并没有被任务和资源限定住,而是对莫里斯公司给予的课题进行了辩证的思考。

李奥·贝纳在对香烟市场进行深入地分析和深思熟虑之后,完全突破了莫里斯公司限定的任务和资源,大胆地向莫里斯公司提出"将万宝路香烟改变定位为男子汉香烟,变淡烟为重口味香烟,增加香味含量"的建议,并大胆改造万宝路形象:包装采用当时首创的平开盒盖技术并以象征力量的红色作为外盒的主要色彩。广告上的重大改变则是:万宝路香烟广告不再以妇女为主要诉求对象。广告中一再强调万宝路香烟的男子汉气概,以浑身散发粗犷、豪迈、英雄气概的美国西部牛仔为品牌形象,吸引所有喜爱、欣赏和追求这种气概的消费者。

李奥·贝纳突破资源和任务的大胆策划,彻底改变了莫里斯公司的命运。在万宝路的品牌、营销、广告策略按照李奥·贝纳的策划思路改变后的第二年,即1955年,万宝路香烟在美国香烟品牌中销量一跃排名第10位,之后便扶摇直上。现在,万宝路已经成为全球仅次于可口可乐的第二大品牌,其品牌价值高达500亿美元。

广告就是"攻心",其目的是使人了解产品,喜欢产品,乐于购买产品。在当今世界上,广告已与人们的经济生活密切结合在一起,在生产、交换、分配领域,几乎步步都离不开广告。特别是新产品的行销,更需广而告之,实现家喻户晓。

广告在经济高速发展的今天,以多种多样的形式展现在人们面前。广告的重要性不言而喻,而无数的成功案例使我们看到了广告的作用。

20世纪40年代末期以后,由于美国冷冻凝缩技术的发展,罐头橘汁能保持汁液的营养价值和水果的味道,比鲜橘子汁还便宜,且一年四季可饮,它不仅味道好,与其他甜饮料相比,热量还低,是一种天然的健康饮品。然而问题是,美国人喝橘汁的习惯是一天一次,在早饭时喝,喝得很

先做人，后做事

少，只有4到6盎司。

如果要扩大销路，必须首先改变美国人喝橘汁的习惯。因此，在60年代，美国橘汁制造者们广泛开展电视广告宣传，用各种各样的镜头，分别展示儿童、少年、青年、中年人以至老年人，在不同时间和不同的场所饮用橘汁的情况。而且广告还用特写镜头显示人们饮用橘汁时感到凉爽宜人、神清气畅的情景，且用大杯饮，每次8到12盎司，此外更是提出了"它不再只是吃早饭时饮用"、"橘汁会使你潇洒"的口号。经广告宣传，终于得到了社会的公认：橘汁是天然的和有益健康的饮料，人人可饮，随时可饮，饮了提神爽口。如此一来，橘汁的销路就扩大开了。

从某种程度上讲，广告直接影响着企业的命脉。广告不仅仅代表了

产品的形象,更直接代表了产品的信誉和知名度。从我们的日常生活中可以发现,电视机不外乎康佳、TCL、海信;电冰箱则是海尔、澳柯玛、长菱、松下。由于商家对自己厂家的产品的品质保证和良好的售后服务,消费者对这些产品产生了依赖。中国的孩子有几个不知道"海尔兄弟"?随着"海尔兄弟"的红火,海尔电器逐渐走进千家万户,而后走上了国际市场。这就是优质的产品质量与良好的广告效果相结合的效应。

实际上,酒香更怕巷子深。酒要香醇,工艺就当复杂,用料就当讲究,耗费的时间、人力、物力也就会很大,成本也会更高。所以,只有早日把酒卖出去,才有利于良性循环。谦虚当有度,内敛当有时。

人们把广告比作信息传播的使者、促销的催化剂、企业的"介绍信"、产品的"敲门砖",甚至有人认为在今后的社会里,没有广告就没有产品,没有广告就没有效益,没有广告的企业将寸步难行。这就是说,广告是企业促销必不可少的手段。

时代在变迁,社会在发展,市场经济也在不断更新。酒香也"愁"巷子深。因此,仅仅满足于货真价实,死抱着"酒香不怕巷子深"的陈旧观念不放,是无法发展壮大起来的。广告已成为社会发展的助推器之一,正以独特的形式,卓越的功劳,帮助消费者,协助商家,给市场带来活力与生机。

方圆智慧

方圆经营者极为重视宣传的效应,他们把通过媒体向用户推销产品或招徕、承揽服务作为增加了解和信任以至扩大销售目的的一种促销形式。商业广告已十分发达,企业花费大量的资金做广告,最终受益的还是企业本身。

05　打击对手，既要准又要狠

真正的生意人,要做到心狠手辣。胡雪岩的精明是人所共知的,但当你面对一个一心想置你于死地的对手时,只靠精明是远远不够的,还需拿出一股狠劲儿,不还手则已,一还手就要像打蛇打在七寸上一样,置对方于死地,不给他任何还手的机会。如果还手对方的进攻,能同时与自己的扩张结合起来,那更是势在必行了。

有一年,为了缓解财政的紧张,清廷开始大量发行京票。实质上,京票相当于派给钱庄的税金。福建分得两百万两银子的京票,钱庄同业公会要求各钱庄按财力多寡自行认报数字。这不就是从自己身上挖一块肉吗?钱庄老板人人裹足不前,会场上悄然无声。开在马尾湾的无昌盛钱庄老板卢俊辉坐在会首的位置上,理应率先认报,以身作则,带动其余。但他不愿吃亏,目光在老板们当中搜寻,希望找个软桃子捏,让他认第一笔数目。通常情况下,第一个报数者起点不能低,否则其余难以出口,故吃亏显而易见。那时胡雪岩的钱庄刚刚成立,卢俊辉发现胡雪岩是个生面孔,于是,对他拱了拱手,要求胡雪岩认报 20 万两京票。

这可难住了胡雪岩,钱庄现在刚开业一共不足 10 万两存银,怎能认报 20 万两? 到时不能兑现,必是欺诳朝廷大罪。他想了想,便计上心头,反戈一击,他说,若会长能认报 50 万两,则敝号一定从命,不减一分。这巧妙的反击,使卢俊辉愣住了。元昌盛流动的头寸不过六七十万两,当然不敢认报如此巨数。

但钱庄同行们纷纷吵闹,认为胡雪岩所说不无道理,卢老板身为会首,应当带头。卢俊辉虽愤怒至极,却又不敢发作,好说歹说,只好认报了20万两,这就相当于从他身上挖去一块大肉,从此他便与胡雪岩结下了梁子。

回到钱庄后,卢俊辉越想越生气,透过于胡雪岩,认为若不是他插那么一杠子,让自己下不了台,一定不会平白无故地损失这么多钱。卢俊辉决心报复阜康。钱庄同业中有不成文的规定,各家发出的银票可以相互兑现,借以支持信用。除非某家钱庄濒临倒闭,失去信用,大家才能拒收这家钱庄的银票,以免造成损失。卢俊辉为了打击胡雪岩,不顾同行协议,决定单独拒收阜康的银票,动摇胡雪岩的信用。卢俊辉认为,阜康新开张,底子还不是很稳,很多人还不知道它信用如何,来这么一手,必然会坏它名声,使其永无出头之日。

第二天,元昌盛开门不久,有位茶商持一张5000两的阜康银票,到柜上要求兑换现银。卢俊辉听说后,接过银票反复看了许久,拒收了这张银票。茶商大惊,卢俊辉解释道:"这阜康信用不佳,不得不防。"茶商拿着银票悻悻而去,听说福州新设了阜康分号,立刻找上门去兴师问罪。

在当时,要想经营好一个钱庄的生意是极其不容易的。这一天,胡雪岩正在店内料理,听到门外有吵闹声,他急忙出门,只见一个茶商正挥舞着一张阜康的银票,要找老板评理。店里的伙计看到胡雪岩出来了,忙上前去将事情的原委悄悄地告诉给他。为了不影响生意,胡雪岩急忙将茶商请入内室,以茶相待,询问茶商为何要找老板。

茶商见胡雪岩如此客气,心中的气也消了一半,他把卢俊辉的话说给胡雪岩听。胡雪岩听后,自知事情的严重性。他在心中暗自思忖着:如今形势不稳,钱庄生意更是十分难做。百姓对于钱庄的信誉十分重视,在这

先做人，后做事

战乱年代，最易出现钱庄老板携财外逃，宣布破产，坑害存户的事情。所以，一有风吹草动，便如同雪崩一般，引起挤兑风潮。即使钱庄有足够的银子应付挤兑，信用也会惨遭打击。故而钱庄生意之大忌，就在于拒收银票。而元昌盛是福州老字号钱庄，信用足，本钱厚，今日如果拒收这位茶商的阜康银票，消息一旦传出去，就会引起轩然大波。想到这儿，胡雪岩立即决定收了这位茶商的阜康银票，另外按一分二利息加倍奉送，并以好言安慰茶商。茶商得到了厚利，心中自然也就没有了怨气，同意保持缄默。

送走茶商以后，胡雪岩的心理打起鼓来。他万万没有想到，自己的阜康分号才刚刚在福州开张，就遭到同行的挤兑。胡雪岩做生意一向主张

第四章 从商之道，名方实圆

和气生财，从来都是公平竞争，不用这等卑鄙手段，而今，却无缘无故地遭到同行的暗算，他决定想个计策来还击。

对于给对方还击的轻重程度，胡雪岩考虑了一番。他想既然卢俊辉不知天高地厚，竟在太岁头上动土，那么就不能略施小计，和他打个平手了，要打就要给他个致命的打击，让其永无翻身之日。根据胡雪岩经营钱庄多年积累的经验，他决定想个一箭双雕的计策，不仅将对方打败，还要让对方乖乖地把门面让给自己。

商场上本来就到处充满了竞争，不是你死就是我亡，在这样的形势下，每个人都会想方设法使自己成为占据鳌头的那一个，胡雪岩自然也不例外。在卢俊辉的发难下，他的主意愈见清晰，他越发觉得这个办法非实现不可，而且已迫在眉睫。虽然手段狠毒，为保护阜康的信用他也别无他法了。那么，胡雪岩的计策到底是什么呢？

首先，他从钱庄之间的竞争考虑，钱庄之间争的是本钱和信用，那么只有存银足的钱庄才会在激烈的竞争中处于不败之地。谁本小利微，谁便处于守势，最终会不堪一击。那么，胡雪岩首先要弄明白元昌盛钱庄现在的本钱究竟有多大，发出的银票有多少，两者之间的差额如何？只有了解了这些问题，他才能做到知己知彼，百战不殆。

然而，想要弄清楚对方的底细可不是一件容易的事情，这是商业机密，关系到其生死存亡。胡雪岩思来想去，决定亲自出马，他像猎手一样，明察暗访，开始寻找猎物。很快，一个"猎物"进入了他的视线，这个人就是元昌盛的伙计赵德贵。赵德贵近来心绪烦乱，愁眉不展。他赌运奇差，连连告负，欠债累累，一身赌账，而这一切，都是可恶的卢俊辉造成的。赵德贵恨死他了。

原来赵德贵和他的新老板卢俊辉之间还有一段恩怨，这段恩怨是由

先做人，后做事

龚玉娇引起的。卢俊辉和赵德贵原来都是元昌盛老掌柜龚振康手下的伙计，赵德贵和卢俊辉年岁相当，除模样儿稍逊卢俊辉一筹外，样样不差。当初，在后院听差，天天陪伴在小姐左右，听她使唤，赵德贵便有充足的时间接近龚玉娇，做龚家上门女婿的应当是赵德贵，而不是别人。事实上，龚玉娇深闭闺房，用心读书时，最贴近她的男性便是小听差赵德贵。每当玉娇小姐感到无聊时，赵德贵便会给她捉蛐蛐解闷，玉娇困倦时，赵德贵就给她捶腿。日久天长，赵德贵就不免想入非非，觉得自己肯定会成为小姐的夫婿，成为龚家的女婿。

世事难料，让赵德贵意想不到的事情发生了。龚振康让女儿龚玉娇到柜台熟悉账务，龚玉娇见到俊俏风流的卢俊辉后便心生情愫，开始整日围着卢俊辉问这问那，也就渐渐地冷淡了赵德贵。赵德贵看到自己心仪的玉娇小姐对自己日渐冷淡，却对那个只是比自己长相俊俏几分，而事事不如自己的卢俊辉越来越好，这怎么能不叫他恨得咬牙切齿呢？他甚至想一刀宰了卢俊辉。赵德贵最不愿见到的事情终于发生了，玉娇小姐嫁给了卢俊辉，卢俊辉也就顺理成章地成为元昌盛的新老板。

卢俊辉心里也十分清楚赵德贵对龚玉娇的爱慕之情，因此，他对这个昔日的情敌也就不那么友好了。他故意叫赵德贵干最苦最累的活儿，还常常克扣他的工资。赵德贵很生气，但是又没有办法，所以只能去赌场拼命赌，以此麻醉自己的神经。胡雪岩正是看中了赵德贵对卢俊辉的憎恨，于是他开始打起这个穷赌徒的主意。

情场上失意的赵德贵，也没能在赌场上得意。这一天，他又输得精光，讨债的人到处找他，为避开讨债人的纠缠，一出赌场，他便专拣僻静小巷走，试图溜回钱庄。这次，他却没有那么幸运，被迎面而来的几个彪形大汉拦住了去路，不用问也知道是向他讨账的。赵德贵此时已身无分文，

第四章 从商之道，名方实圆

只得苦苦哀求。对方哪里肯听，一顿拳脚将他打倒在地。为首的大汉拔出腰间的一把锋利的匕首，狞笑道："赵德贵，今天你若是拿不出钱来，我就割下你的两只耳朵来抵债。"赵德贵吓得魂飞魄散，连连求饶。怎奈那大汉把他的求饶声全当耳旁风，拿着匕首就要割赵德贵的耳朵。正在紧急关头，胡雪岩走了过来，他向几个大汉询问了缘由后，便拿出十两银子替赵德贵还了赌债，大汉们得了钱一阵风似的不见了。

胡雪岩拉起瘫坐在地上的赵德贵，为他掸了掸身上的灰尘，把他拉进了一家小店。胡雪岩为赵德贵要了几样小菜还有一壶酒，为他压惊。赵德贵真是感激不尽，三杯酒下肚，把满腹牢骚一股脑儿抖了出来。胡雪岩装着愤愤不平，深表同情的样子，并表示愿助他一臂之力，向情敌报仇，让龚卞娇投入他的怀抱。赵德贵虽然喝了几杯酒，但他还是十分清醒的，他知道世上不会有这样的好事，就问胡雪岩要拿什么来做交换。胡雪岩只好据实相告，称自己是杭州有名的"胡财神"，只要赵德贵愿意，便可跳槽做阜康钱庄的档手，供银月五十两，外加分红。当然先要提供元昌盛的情况，且有重赏。

胡雪岩当即拿出1000两的银票，十分严肃地说道："这是预付赏银，

137

先做人，后做事

事成之后,还要加倍。"满身赌债的赵德贵见到这么多的银子高兴万分,当即决定死心塌地地做胡雪岩的眼线,打探卢俊辉的机密。正在家中得意洋洋的元昌盛的新老板卢俊辉,怎么也不会想到,他的命运就在小酒店里被决定了。

胡雪岩买通了赵德贵之后,便高兴地回钱庄了。没过几天,赵德贵便把他打探到的消息一五一十地告诉了胡雪岩。胡雪岩对对手的情况了如指掌:卢俊辉执掌钱庄大权后,一反龚振康稳慎作风,大量开出银票以获厚利,致使元昌盛现存银只有50万两,而开的银票却几近百万两,空头银票多出40万两。老谋深算的胡雪岩十分清楚这种经营方式的危险性,倘若发生挤兑现象,存户们把全部银票拿到柜上兑现,元昌盛立刻就得倒闭破产。而元昌盛牌子硬,没有人会怀疑他的支付能力,因此,永远不会发生同时挤兑的现象。卢俊辉也正是基于此,才把赌注押在钱庄的信用上,做出此等举措。胡雪岩深知这是个难得的机会,于是立即采取行动,调集头寸,在暗中收购元昌盛银票,一切都有条不紊地进行着。卢俊辉却蒙在鼓中,全然无觉。

自命不凡的卢俊辉此时非但没有觉察到自己的危险处境,反而做了一件把自己逼上绝路的事情。他见存户少有兑现,钱庄存银白白放在库中未免可惜,便取出20万两现银,又筹办开设了一家赌场,致使元昌盛库中能兑现的银子仅30来万两,只够应付日常业务,根本无力阻挡风波。

很快,这一消息便经过赵德贵传到了胡雪岩的耳朵里,胡雪岩喜出望外,心想此乃"天助我也"。他数数手中掌握的元昌盛银票,已有50万两之多,凭着这些银票,就可以轻而易举地击败对手,令卢俊辉一败涂地。胜券在握的胡雪岩此时并不急于置对手于死地,他很想看看对手在不知自己会惨败时的那种自鸣得意的样子。于是,在卢俊辉举办三十大寿的时候,胡雪岩备了厚礼,亲自登门致贺。丝毫没有感到危险正在靠近的卢俊辉,以为胡雪岩是在向自己拱手称臣,便无防备。

好景不长,没过两天,元昌盛柜上,忽然来了一批主顾,手持银票,要求提现银,一天之中,顾客提走20万两库银。卢俊辉听伙计报告,以为偶然现象,并不在意。谁知第二天,更多的顾客蜂拥而至,纷纷挥舞手中的银票提现。没等卢俊辉反应过来,库银已提取一空。挤兑现象终于在元昌盛这家老钱庄门前发生了!

虽然涉世未深,但卢俊辉依然明白事态的严重性,他开始向各家钱庄告贷,请求援手支撑局面。但他一向飞扬跋扈,不把别人看在眼里,同行们往日只是碍于其雄厚的实力,才与他表面上客客气气的,实际上很多人早就对他的所作所为看不惯了。这次他有难,大家只是袖手旁观看热闹,根本没有人对他伸出援助之手,更有人巴不得他垮下去。

无头苍蝇般四处求告了一番,却无任何结果的卢俊辉,只好命伙计关了店门,自己躲在屋里不敢露面。而元昌盛门前闹哄哄一片,不能兑现的顾客骂声不绝,义愤填膺。眼看事情将要闹大,官府已派人来钱庄施压,声言庄主若不拿出银子来平息民愤,将按律治罪,抄家拍卖。这就意味着老板将流放,妻儿被拍卖为奴,也就是家破人亡了。

一个人躲在屋子里的卢俊辉思前想后,唯有把店面抵押给他人,钱庄易主,才可免祸。但同行钱庄老板谁会愿意接收这一烂摊子。想到这儿,他不禁又发起愁来。就在这当口儿,胡雪岩翩然而至,表示如果卢俊辉同意,他愿以接收元昌盛银票的条件,接管钱庄铺面。走投无路的卢俊辉虽然舍不得这一份刚刚到手的家业,但也没有别的办法可施,只好同意了。

一场风波就这样平息了。经过清盘,元昌盛大到房屋家具,小到一根铁钉,俱一一作价,算到后来,卢俊辉只剩一身衣服,狼狈地离开了钱庄。

139

先做人，后做事

一场富贵梦，终究成黄粱。胡雪岩则名正言顺地将阜康分号搬进了元昌盛旧址。经过这一"打"，胡雪岩的势力又得到了大大扩张。当然，在击倒元昌盛这一过程中，胡雪岩"凶"字上还蒙上了一层仁义道德，那就是对持有银票的主顾，这些主顾最终并没有什么损失。可见，方圆者并不是不要仁义道德的。

方圆智慧

方圆者在与对手过招时，出手总是既准又狠，不给对方任何喘息之机，置对方于死地，让人不得不佩服他们的胆略和谋略。他们通过调查、分析，掌握对手的弱点，直接命中对手致命之处或薄弱环节，这自古就是克敌制胜的一种谋略。

06 以其人之道，还治其人之身

把"恶人"操纵于股掌之中，这才是真正的"方圆者"。为人处世中，对于那些过分的恶人恶事，要"以其人之道，还治其人之身"，以恶制恶，以暴易暴，这才是惩治"恶人"的上上策。

魏文侯时，西门豹担任邺县令。巡视民间疾苦时，他得知巫婆勾结三老（古时候掌管教化的乡官），每年搜刮大量的民脂民膏。其中用去二三十万钱为河伯娶媳妇，然后侵吞掉剩余的钱财。

有漂亮女儿的人家怕被聘娶为河伯的媳妇而被沉入河底，大都带着女儿背井离乡了。因此,城里人烟稀少,百姓怨声载道。西门豹说:"到了为河伯娶媳妇的日子,希望你们别忘了告诉我一声,我也到河边去送送这个河伯的新媳妇。"

到了为河伯娶媳妇的日子,西门豹前往,与众人聚在河岸上,观看的有上万人之多。那个巫婆原来是一个年老的妇人,她的 10 个门徒站在她的身后。

西门豹说:"把那个河伯的媳妇带过来,让我看一看她到底长得怎么样啊?"有人急忙领来,西门豹看了以后紧皱着眉头对三老说:"这个女子长得可不怎么样啊,河伯娶媳妇这么隆重的事情,应该找一个漂亮的呀!麻烦大巫婆到河里去跟河伯通报一声,就说等寻找到一个漂亮的女子时,

再送过去给他做媳妇。"随即命令士兵抬起大巫婆投入河中。

过了一会儿,西门豹说:"大巫婆怎么去了这么久还不回来,赶快再派遣她的门徒去催促一下。"接着,又把巫婆的大门徒投入河中。过了一会儿,西门豹又说:"怎么大门徒也去了这么长时间不回来,再派一个门徒去催促一下吧。"又把一个门徒投入河中。

再过了一会儿,西门豹转过脸来对三老说:"看来巫婆及她的门徒都

先做人，后做事

没把事情说清楚，麻烦三老到河伯那里去说一声。"又把三老投入河中。

西门豹一脸严肃，望着河面站着等了很久，然后转过身来看了看周围的情况。此时，别的随从都吓得跪倒在地叩头不止，直至头破血流，西门豹这才说："看来是河伯要长久地留下客人了，你们都暂且回去吧！"邺城的贪官污吏感到万分惊恐，从此以后再也不敢谈论为河伯娶媳妇的事了。

方圆者认为，在市场竞争中，必须时刻警惕对手的偷袭行为。如果已经发现对手有偷袭行为，就应以牙还牙，以毒攻毒，与之进行针锋相对的决斗。

在电脑市场上，无论是硬件还是软件，日立公司的技术都落后于IBM公司；在大型电脑方面，IBM更是首屈一指。历来奉行"拿来主义"的日立公司，一直试图私下购买IBM公司关于电脑技术方面的资料，对此IBM公司创始家族的小沃森当然不会答应。

1980年11月，IBM公司有关电脑设计秘密的技术文件竟从保险箱中不翼而飞。沃森十分恼怒，勒令保安人员尽快破案。

据秘密调查，在日立公司发现了IBM公司最新的电脑设计手册。但IBM公司没有立即起诉，因为日立公司还想更多地获得这一机型的其他资料，并多方拉拢来日本访问的美国人，沃森决心要对日本人进行一次大报复。他找到在联邦调查局工作的好朋友——特别侦探阿兰·萨乌丁，二人进行了一番密谋。

密谋的结果是由萨乌丁装扮成IBM公司的专家——格莱曼公司的经理哈里逊去同日立打交道。

不久，日立公司在美国实行窃密任务的主要角色全部落入联邦调查局的圈套，并且先后付出62.2万美元的酬金。与此同时，三井公司的工程师木村和电脑设计主任万田也被金钩牢牢拴住，他们付出的代价为

2.6万美元。联邦调查局见到有这么多的日本间谍落网,非常高兴,决定兵分几路,一网打尽。

1982年6月22日上午9点30分,携带尖端技术资料准备回国的日本三井电机公司的电脑设计主任万田在旧金山国际机场被捕。与此同时,日立公司主任工程师小泉治在格莱曼公司门前被捕,与此案有关的另外十几名日立和三井公司的驻美人员也被联邦调查局一网打尽。

这一举动轰动了整个世界,东京股票市场也随之一片混乱。日立、三井两家公司的股票一落千丈,日本舆论吵作一团,大骂IBM公司不仁不义。美国的报界更是一片哗然,认为这一事件是历史最大的工业间谍案,是继70年代中期发生的洛克希德贿赂案以来最大的丑闻之一。

其实谁都明白,这件事理亏在日立,它首先不仁,又怎么能怪IBM无义呢?沃森只是利用了"以其人之道,还治其人之身"的方圆策略,即保护了公司的机密和领先地位,又沉重打击了竞争对手,获得了巨大的成功。

方圆经营者在谈判时,往往会根据对方的言行决定自己该充当白脸还是红脸,通过运用"方圆"相济互补的手段,通常能取得出人预料的效果。

有一次,波恩为了大量采购飞机,与飞机制造商的代表进行谈判。波恩要求在条约上写明他所提出的22项要求,而其中10项要求是没有退让余地的。结果双方各不相让,僵持之下波恩退出了谈判会场。波恩只好派他的私人代表出来继续同对方谈判。孰料,这位代理人很快就完成了谈判,并且争取到了包括那非得不可的10项要求在内的25项要求。

波恩很是惊奇,便问他是怎样取得如此辉煌的胜利的。这位代理人回答说:"其实很简单,每当我同对方谈不到一块儿时,我就问对方:'你

先做人，后做事

到底是希望同我解决这个问题,还是想留着这个问题等待波恩同你解决?'结果,对方每次都接受了我的要求。"

这就是方圆术中的"白脸、红脸战术"。先由白脸出场,他采取"圆"的策略用咄咄逼人的攻势,提出过分的要求。一般来说,他在场上表演的时间会很长。他傲慢无礼,立场僵硬而且毫不妥协,让对方看了心烦,产生反感。然后,红脸出场,他采取"方"的策略,以温文尔雅的态度、诚恳的表情、合情合理的谈吐对待对方,并巧妙地暗示,如果他不能与对方达成协议而使谈判陷入僵局的话,那么白脸先生还会再次出场。这番话会给对方心理上造成一种压力。对方一方面会由于不愿与白脸继续打交道,另一方面会由于红脸的可亲、诚恳的态度而同红脸达成协议。

在谈判中,一定要把握好"方"和"圆"的比例。不要以为多用"方"的策略,一味地对人笑脸相迎,给人面子,就能赢得谈判的成功。"方",会使人觉得你有求于他,无异于纵人欺侮。越是这样,对方越会强硬、傲慢,在谈判中占尽上风。因此,在必要的时候,给对方施加点"颜色",用一些"圆"的手段刺激一下对方。当然,所谓"刺激"对方,并不是激怒或伤害对方,而是为了引起对方对某种事实的注意,更加重视自己。同时,也是为了提醒对方不要过分抬高自己的价码。

所以,刺激对方必须巧妙,至少要表现自己的诚心诚意。也就是说要告诉对方:"我并不是嫁不出去的闺女,而是确实中意于你,就看你领情不领情了。"这样的刺激才会促进双方的理解与合作。反之,总是黑着脸强硬或白着脸使诈,就会激怒对方,使之处处设防,而自己却落得敌人满天下。

● 第四章 从商之道，名方实圆

方圆智慧

自古以来，凡是想处置小人的，往往都采用"以其人之道还治其人之身"或其同类的计策，这往往会收到事半功倍的效果。

07 亦方亦圆，树立威信

宋代诗人林逋曾说："和以处众，宽以待下，恕以待人，君子人也。"意思就是与众人相处要和气，对待下级要宽容，要饶恕他人的过失，这是君子做人的基本道理。这充分说明了作为一个领导者应该具备的品质。

常听到一些领导干部叹息权威失落的声音，常看到老百姓挑战"官府"权威的理直气壮，常感到上级在下级面前缺乏权威的无奈。"权威"成了牵动人心的话题。

权威是什么？它是一种力量，是权力力量和人格力量的聚合在人的头脑中的主观反映形式；它是一种威势，是威望、威信的总和；它是一个法宝，你一旦拥有，就将所向无敌，无往而不利。

俗话说："打铁还须自身硬。"方圆学认为，在采取"圆"的手段之前，自身必须具备一定的威望。

首先，自己要以身作则，树立威望。人品即领导者的个人道德品质，它是威望的基础和起点。作为领导，如果能在这些人性最本质的方面做出榜样，树立起良好的形象，自然而然地就会成为下属拥戴的带头人，因为榜样的力量是无穷的，德高望重的领导也最有说服力和影响力。常言

先做人，后做事

道:"无欲则刚,有容乃大。"一个正直自信的领导者,只要你行得端,走得正,威望肯定会蒸蒸日上。

其次,作为领导者,一定要有一定的知识素养。在知识化、专业化已经蔚然成风的今天,只有特别精于自己的那一行,才会赢得同僚和下属的尊敬。只有当人们钦佩你的学识时,接受你的领导和管理才会成为顺理成章的事情。

再次,要以能力服众。对于领导者来说,你的"才"主要体现在你的领导能力和领导才干上。它主要表现在两个方面:一个是分析问题的能力,一个是解决问题的能力。而这两大能力又会派生出预见能力、组织能力、创新能力、决策能力、协调能力、写作能力,等等。

所以,要想在群众中树立威望,你就要勤学苦练,在才干的增长上狠下一番工夫。

快餐大亨雷蒙·克罗克成功管理麦当劳这样一个全球性的餐饮集团,确实并非易事。作为公司的领导者,雷蒙·克罗克必须树立自己的威望,为此他在工作中需要运用许多技巧。

首先,领导的模范带头作用并不仅仅表现在炮火连天的战场,在现代企业中它的作用同样是巨大的。因此,无论做任何工作,雷蒙·克罗克都身先士卒,深入到一线。虽然许多事情他不必亲自动手,但他一定要做出个样子来,让员工们看到自己的老板都亲自上阵了。

领导的行动就是无声的命令,看到领导亲自上阵,谁又敢不努力工作呢？领导说得再多,也不如身体力行。正所谓"榜样的力量是无穷的",领导行动在前,树立起了榜样,下属们能不积极苦干吗？

其次,对于新员工,雷蒙·克罗克一般都委以重任,一则试一下他的能力,二则让他明确体会到自己对他的信任。这样,即使今后偶尔没有信

● **第四章** 从商之道，名方实圆

任他，他也会认为是他自己的过失所致。这时，再投入感情式交谈，即可使其全心全意为我服务。

在此基础上，诱以利益，晓以利害。俗语说："重赏之下，必有勇夫。"拿破仑曾经用利益和恐惧统治别人，作为现代领导更应以荣誉、利益为载体，让部属产生丧失与得不到的恐惧。

再次，作为领导应该早早提起"杀威棒"，找个借口以一句话批评他，并向他暗示，今后不可偏离我的思想路线。这样的印象，往往永难磨灭。部属所敬，无非是做领导的行事公正，且知识渊博，具有高超的领导能力，对部属的进步和生活样样关心。部属所畏，一是因敬生畏，若师之于学生，因教导之重要，生怕自己的行动偏离了老师既定的路线；二是因利而畏，担心利益可能受到损害，因而时时小心谨慎；三是周围人人称颂领导，对他敬而畏之，新部属当然受到心理惯性的左右，领导必须事事时时，一言一行维护自己的威信。

作为领导者，批评下属是不可避免的。懂得方圆术的领导者通常采用的办法是，把他叫到办公室，私下批评，因为人都是有面子、有自尊的。如果你当众训斥他，他的心里必定会极不舒服，甚至会因此而怨恨于你，

先做人，后做事

而把他叫到一边既可以避免他对你的不满，又能够体现你对他的关心。即使你批评得再厉害，从内心来讲，他也不会反抗你的。私下的批评维护了他的面子，这一点他的心里自然是清楚的。因此，这样做既达到了教育的目的，又给自己树立了威信，还不至于使下属产生抱怨、抵触等情绪，从而影响上下级的关系和工作的质量。

另外，身为领导者必须对下属的工作能力、工作态度有充分的认识和了解。"林子大了什么鸟都有"，同一个单位里，有兢兢业业、真心热爱工作之人，亦有只说不干、胡乱捣蛋之徒。前者是推动事业发展的主力军，后者则是阻碍事业前进的绊脚石。聪明的主管都深知"集体的团结和纪律的严明是企业生存和发展的根本"这个道理，所以，他们对企业中的那些"不地道"的员工时刻保持着高度的警惕，该清除时便清除，毫不犹豫、不留情、不手软，保持企业的凝聚力和竞争力才是重要的。

在这种情况下，领导者可以采用"杀鸡骇猴"的"圆"的方法，以警告其他下属，使他们遵纪守法，服从指挥。运用这样的策略，对树立领导者的威严、增强对下属的控制力具有十分显著的效果。

这时，领导者要"方""圆"并用。

"杀鸡骇猴"只是管理上的一种手段，但不是唯一的手段，它不是以打击报复为目的的。所以，运用"杀鸡骇猴"的"圆"的策略的同时，还必须辅之以"方"的手段，软硬兼施。这样，能使被惩处者在被"杀"的同时，又感受到一些关爱。对领导者而言，威严得到了树立，又笼络了人心，何乐而不为？

作为领导者，做好以上工作的同时，还要学会摆架子。方圆术认为，一个领导会不会摆"架子"，也是其是否有威信的一个重要因素。

精通方圆术的领导喜欢通过摆"架子"使自己显得比较神秘。许多下属也都有这样的感触,有"架子"的领导就仿佛是一座云雾缭绕、幻象纷呈的大山,看上去高深莫测,不可捉摸。这种效果正是许多领导所努力追求的。当然,摆"架子"还要摆得恰如其分。你一点"架子"不摆,可能会被人瞧不起,工作起来难以服众。但如果你"架子"摆得太足,使群众离得远远的,也会有负面的影响。

许多领导最头痛的事便是事无巨细都要亲自处理,他们更希望自己能抽出一些时间和精力来处理大事。而随和的言行会使下属产生一种错觉:这个领导好说话,能不能让他帮我解决一下我的问题?这样,势必会使更多的下属抱着侥幸的心理来请求领导的亲自批示。所以,聪明的领导就喜欢利用这种"轻易不可接近"的"架子"来逃避细小琐事的烦扰,把更多的精力用于谋划大政上。

所以,领导的"架子"绝非是一个简单的道德问题,它还包含着领导艺术的奥妙,更有着心理学上的微妙含意。

方圆智慧

领导和群众应当保持一个相应的距离。只有这样,才能使下属意识到领导既有的权威,而这种权威又是领导不可缺少的。作为领导者,过于谦恭,不留心树立自己的权威,下属很可能会产生轻视和怠慢的态度。而这对于领导履行职责是十分不利的。

先做人，后做事

08　以退为进，后发制人

从处理事情的步骤来看，方圆者明白退却是进攻的第一步。现实中常会遇到这样的事情，双方争斗，各不相让，最后小事变为大事，大事转为祸事，这样往往导致问题不能解决，反而落得两败俱伤的结果。其实，如果采用较为温和的处理方法，先退一步，使自己处于比较有利的地位，再待时机成熟时，采用以退为进、后发制人的策略，自己的目的也就能成功达到了。

1812年6月，拿破仑亲自率领60万步兵、骑兵和炮兵组成的合成部队，向俄国发动进攻。俄国用于前线作战的部队仅21万人，处于明显的劣势。俄军元帅库图佐夫根据敌强己弱的局势，采取后发制人的策略，实行战略退却，避免过早地与敌军决战。在俄军东撤的过程中，库图佐夫指挥部队采取坚壁清野、袭击骚扰等种种方法，打击迟滞法军，削弱法军的进攻气势。9月5日，俄军利用博罗季诺地区的有利地形，给予法军大量杀伤。接着，又将莫斯科的军民撤出，把一座空城留给法军。10月中旬，法军在莫斯科受到严寒和饥饿的巨大威胁，不得不撤退。此时，库图佐夫抓住战机，予以反击，将法军打得大败。最终，几十万法军，幸存者只有3万人。

有时候，表面的退让只是一种应世的策略，为了追求更高的目标作出一些退让是善于变通之人的成熟表现。而在国家的生死存亡方面，领导者后发制人要的是远见。有的时候忍气吞声、忍辱负重也是可以想象的。

第四章 从商之道,名方实圆

李渊任太原留守时,突厥兵时常来犯,突厥兵能征惯战,李渊与之交战,败多胜少,于是视突厥为不共戴天之敌。

有一年,突厥兵再次来犯。部属都以为李渊这次会与突厥决一死战,可李渊却是另有打算,他早就欲起兵反隋,可太原虽是军事重镇,却不足为号令天下之地,而他又不能离了这个根据地。如果离太原西进,则不免将一个孤城留给突厥。经过这番思考,李渊竟派刘文静为使臣,向突厥称臣,书中写道:"欲大举义兵,远迎圣上,复与贵国和亲,如文帝时故例。大汗肯发兵相应,助我南行,幸而侵暴百姓,若但俗和亲,坐受金帛,亦唯大汗是命。"

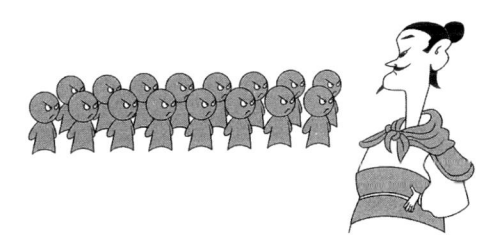

唯利是图的始毕可汗不仅接受了李渊的妥协,还为李渊送去了不少马匹及士兵,增强了李渊的战斗力。而李渊只留下了第三子李元吉固守太原,由于没有受到突厥的侵袭,李渊得以不断地从太原得到给养。最终李渊战胜了隋炀帝杨广,建立了大唐王朝。而唐朝兴盛之后,突厥不得不向唐朝乞和称臣。

对方圆经营者来说,竞争中的后发制人,往往在于它在某些方面明显优于先发者。任何一种抢先一步上市的产品都需要经过一段时间的市场

先做人，后做事

考验，方能显示出优劣。在这期间，作为迟一步入市者，综观市场各方面的情形，认真地评判，扬己之长，攻人之短，着力于潜在市场的开发，从市场的深度和广度上领先一步，以小风险、低成本的开发去取得高效益，体现了"站在别人肩膀上而比别人更高"的睿智。

方圆经营者懂得"后发制人"不仅是"后生"、"弱小"企业可以选择的营销策略，也可以成为一些大企业乃至跨国公司始终坚持的发展战略。"石油大王"洛克菲勒说过："打急先锋的赚不到钱。"因此，在经营活动中，无法"先"或不能"先"时，则不能盲目求先，以免欲速则不达，或成为众矢之的，或落个虎头蛇尾的下场。

世界著名的电器厂商日本松下电器公司从不热衷于扮演技术先驱者的角色，而是把工作的重点放在产品的质量和价格上。为了更好地把握国际市场的动向，松下公司建有23个拥有最新技术的研究室，专门分析竞争对手的新产品。待发现不足之处后，再研究如何加以改进，设法使自己的产品风格和质量不断完善。一切就绪后，然后迅速投产，往往在别人的新产品还没有占领市场之前，它的更新产品已投放市场，且性能更好，价格更低。

有人称松下是一家模仿别人的公司，对此，松下公司毫不在意，因为它从这种做法中得到了极大的益处。

商战中，聪明的经营者总是借对方的力量和知名度以提升自己的品牌和知名度，这样做既省力又快速。个人或小公司的力量当然是非常有限的，所以在创业初期，根本无法与已经占据相当市场份额的对手相提并论，因此，借助外力自然成为最有效的手段之一。

● **第四章** 从商之道,名方实圆

方圆智慧

在竞争中,在自己实力不强的情况下,可以采用后发制人的计策谋取胜利。正如洛克菲勒所说:"打急先锋的赚不到钱。"

09 隐而不露

先下手为强是寻常道理,但是当面前的敌人过于强大,而自己又不知其深浅的时候,贸然亮出底牌反而会输得一败涂地。

《菜根谭》云:"澹泊之士,必为秾艳者所疑;检饰之人,多为放肆者所忌。君子处此,固不可少变其操履,亦不可露其锋芒!"意思是说,应根据实际情况,将自己的锐气加以收敛,等待机会适当时再予以表现。

"人不知而不愠,不亦君子乎!"可见人不我知,心里老大不高兴,这是人之常情。于是有些人便言语露锋芒,行动也露锋芒,以此引起别人的注意。

聪明过于外露的人品行浅薄,才能显露过分,这样的人福气反倒少。

三国时著名才子杨修是曹营的主簿,他的思维敏捷是出了名的。刘备亲自打汉中,惊动了许昌,曹操率领40万大军迎战。曹、刘两军在汉水一带对峙。

曹操屯兵日久,进退两难,适逢厨师端来鸡汤。曹操见碗底有鸡肋,有感于怀,正沉吟间,夏侯惇入帐禀请夜间号令。

曹操随口说:"鸡肋!鸡肋!"

153

先做人，后做事

人们便把这当做号令传了出去。行军主簿杨修却叫随行军士收拾行装，准备归程。夏侯惇大惊，请杨修至帐中细问。

杨修解释说："鸡肋者，食之无肉，弃之可惜。今进不能胜，退恐人笑，在此无益，来日魏王必班师矣。"

夏侯惇也很信服，营中诸将纷纷打点行李。曹操知道后，一怒之下，斩杀了杨修。

后人有诗叹杨修，其中有两句是："身死因才误，非其欲退兵。"这是很切中杨修之要害的。

原来杨修为人恃才傲物，数犯曹操之忌。曹操兵出潼关，到蓝田访名士蔡邕之女蔡琰。蔡琰字文姬，原是卫仲道之妻，后被匈奴掳去，于北地生二子，作《胡笳十八拍》，流传入中原。曹操深重之，派人去赎蔡琰。匈奴王惧曹操势力，送蔡琰还汉朝。曹操把蔡琰许配董祀为妻。

曹操当日去访蔡琰，看见屋里悬一碑文图轴，内有"黄绢幼妇，外孙壹臼"八个字，便问众谋士谁能解此八字，众人都不能答，只有杨修说已解其意。曹操叫杨修先别说破，让他再思解。告辞后，曹操上马行三里，方才省悟。原来此含隐"绝妙好辞"四字。

曹操也是绝顶聪明的人，却要行三里才思考出来，可见急智捷才远不及杨修。

曹操曾造花园一所，造成后曹操去观看时，不置褒贬，只取笔在门上写一"活"字。

杨修说："'门'内添活字，乃阔字也，丞相嫌园门阔耳。"

于是翻修，曹操再看后很高兴，但当知是杨修析其义后，内心已忌杨修了。

又有一日，塞北送来酥饼一盒，曹操写"一盒酥"三字于盒上，放在台上。杨修入内看见，竟取来与众人分食。曹操问为何这样？杨修答说："你明明写'一人一口酥'嘛，我们岂敢违背你的命令？"

曹操虽然笑了，内心却十分厌恶。

曹操怕人暗杀他，常吩咐手下的人说，他好做杀人的梦，他睡着时不要靠近他。

一日，曹操睡午觉，把被蹬落地上，有一近侍慌忙拾起给他盖上。曹操跃起来拔剑杀了近侍。大家告诉他实情，他痛哭一场，命厚葬之。因此众人都以为曹操梦中杀人，只有杨修心知其意，于是便一语道破天机。

凡此种种，皆是杨修的聪明犯着了曹操。杨修之死，植根于他的聪明才智而又不知内敛。

杨修之死，给后人留下了重要的启示。

第一，越是有才华的人越要沉稳，不可恃才自重，更不可把才华露尽。如果你的领导是庸才，你就更要多加小心。切不可处处表现你比领导高明，领导需要你给出主意的时候，你最好在私下里采用暗示的方法告诉他，在你的启发下，领导豁然开朗，这时候你就退到后面，守口如瓶，这样，领导才能喜欢你。

先做人，后做事

第二，不管在什么场合，你一个人看明白了的事情，最好不要点破。有很多事情都是在蒙眬的状态下才最好看，你一点破，就失去了神秘的色彩。比如说鸡肋，杨修如果不说破，哪里会有杀身之祸？当然，"冰冻三尺，非一日之寒"。是杨修过于张扬的性格，决定了他的悲剧结局。

方圆经营者往往善于等待时机，隐而不发，时机成熟时再一举成功。

重庆杨文光在关闭聚兴祥以后，与人合伙集银1万两开办了聚兴仁商号，主要经营棉纱、匹头、土特产品、杂货等。

杨文光在经营聚兴祥时，积累了不少经商经验。开办聚兴仁后，便大刀阔斧地扩展业务，开拓利源。例如在商货上他采取了近购远销、长途贩运的方针。同时他还做起票号生意，使商业与银行业结合起来，加速了资本的积累。

隐而不露是杨文光与众不同的经商手段。杨文光在急需用钱调整周转资金时，常常使用不露声色的手段。即便迫在眉睫，也表现出一副泰然自若的姿态，让人摸不清底细，静待放款者上钩。

当票号找到他放款时，他故作镇静，推说商号暂时不需要钱。直到放款者托人劝说，他才以"帮忙"的口吻，表示自己十分被迫地勉强接受放

款,且告诉对方他这是给人家面子,"帮个忙"。还特别嘱咐对方不要告诉别人,免得给他找麻烦。然后,他迫不及待地用这笔款周转资金。就这样在短短的几年间,他增扩了十几个分号,既得了实利,又让外界摸不准他的底牌。

有些人在争取银行贷款时赤膊开练,十八般武艺轮番上阵,用尽各种手段,这反而让人怀疑他的还贷能力。银行也要做生意,钱放在那儿总要贷出去。杨文光的策略,值得那些喜欢张扬的生意人多加参考。

方圆智慧

为了获得最大利益,方圆经营者会有分寸地绷起来,摆摆架子,要要威风,既让顾客见识他的实力,又让顾客心存感激,以为自己是占到了便宜,这是一种成功的行销手段。当然,要做到这一点,必须清楚自身的实力。

10 追求利益的最大化

在商战中,利益高于一切,经商就是为了得利,而且要最大限度地得利。然而,在同样的条件下,有的人经商就能大发其财,而有的人却惨淡经营。因此,经营者能不能充分发挥自己的聪明才智,利用各种条件,运用不同的手段,使自己的事业越做越发达,是事业成败的关键。

通口俊夫刚开始经营"通口药店"时,生意也十分不景气。而且,不

先做人，后做事

管怎么经营,这样的局面一直得不到改善。直到有一天,通口俊夫随手翻看一本初中几何书时,书中有一条这样的内容:"不在同一条直线上的三点可以确定一个平面。"这使他想起了一部军事题材的电视剧,剧中的一位指导员曾经说过这样一句话:"这些直线排列的点,很容易被外力阻断运输路线,这往往是失败的最大隐患。为了和友军保持密切合作,应该确保至少三足鼎立。这样点和点连起来,就能守住中间的三角部分了。"

通口俊夫灵机一动,如果把三个药店呈三角形布置起来,那么就能围住中间的消费群体,而且如果其中任何一个店某种药品缺货,只要一个电话打到附近的两个店,立刻就得到支援。任何一个小店都会让顾客感到药品充足,无所不备。

药品是一种有统一技术标准的特殊商品,一旦需要,必有一种紧迫感,会尽可能就近购买,而不会考虑药店是否堂皇。三角形内的消费者处于被包围状态,就像被关在一间封闭的房间里无路可走,肯定会在这三角形的连锁店系统中购买。这样一来,这三个小店就会有较大的覆盖面,生意不好才是怪事呢!

从此以后,通口俊夫热情待客,勤奋节俭,用积攒下来的资金买下附近的两家小店铺,第一组三角形连锁店就这样形成了。很快,通口俊夫的三角经商法发挥了巨大的威力。除了原先预计的优点以外,他还发现,三角形的连锁店中给任何一个店做广告宣传,等于另两个店也在做广告宣传,而且三个店可以一起进货。这样一次进货量多了,进货成本就可以降低了,从而价格竞争的能力也就增强了。再加上货资齐全,调货及时,服务态度好,通口俊夫的生意越来越兴旺。

通口俊夫并没有就此满足,接着,他又进一步发挥了他的三角经商法。以其中任何两个老店为基础,发展一个新店,使这三个店构成一个新的三角连锁药店。由于有两个老店的支援,新店和老店一样富有竞争力。这样每建立一个新店,就可以扩大一个新的覆盖面,在这个覆盖面内是通口俊夫的天下。

通过这样的一种经营模式,通口俊夫占据了绝对优势,有效地控制了市场,实现了资本利润的最大化。与此同时,通口俊夫还步步为营,不断地扩张自己的经营范围,久而久之,连锁店一家又一家地出现在日本各地。他的公司慢慢地成了医药营销的大户,利润也滚滚而来。

中国有句老话,叫做"肥水不流外人田"。方圆经营者善于通过灵活的手段,使自己的利益最大化。

自古以来,商人们一直以谋求利益为经商之目的。他们抱定一个宗旨:无利不起早。没有利润的事情是商人们所不愿意涉足的,所以,想要经商,首先要把赢利放在首要位置。

那么,世界上有没有不用投资就可以获得最大化利益的道理呢?

答案当然是"有"。但是,只有方圆经营者才有这样的能力。苏联对美国波音公司所采用的空手套白狼的手段就是其中最典型的案例。

1973年,苏联人在美国放出口风,说他们打算挑选一家有实力的飞机制造公司,为他们建造一个世界上最大的喷气式客机制造厂。该厂建成后将年产100架巨型客机。如果美国没有合适的公司的话,苏联就同英国或联邦德国做这笔生意。这可是一笔价值3亿美元的大生意,相当具有诱惑力。美国三大飞机制造商——波音飞机制造公司、麦克唐奈—道格拉斯飞机公司和洛克希德飞机公司闻讯后,都想抢到这块"肥肉"。他们背着美国政府,分别同苏联方面进行了私下接触。苏联就在这三家大公司之间周旋,让他们互相竞争,自己"隔岸观虎斗",以便获得更多有利苏方的条件。

先做人，后做事

波音公司为了抢到生意，迫不及待地同意了苏联方面的要求，让 20 名苏联专家到波音飞机制造厂参观考察。苏联专家被视为座上宾，他们不仅可以仔细观察飞机装配线，还被允许钻到机密的实验室里"认真考察"，并拍了上万张照片，取得了大量资料，最后还带走了波音公司制造巨型客机的详细计划表。波音公司送走苏联专家后，苏联方面再没有任何音讯，3 亿美元的订单如海市蜃楼一般转瞬即逝。

不久，美国人便发现苏联利用波音公司提供的技术资料制造了伊柳辛式巨型喷气运输机。这种飞机的引擎就是美国罗尔斯—罗伊斯喷气引擎的仿制品。

原来，苏联专家穿了一种特制的皮鞋，其鞋底能吸附从飞机部件上切

削下来的金属屑。他们把金属屑带回去一一分析,就得到了制造合金的秘密。

一向精明的波音公司对此有口难言。

苏联为了获取喷气式客机的相关资料,以价值3亿美元的大生意为诱饵,骗得美国三大飞机制造商相互竞争。波音公司为了抢到这块"肥肉",更是同意苏联提出的种种要求,一时被兴奋冲昏了头脑,竟把机密文件都泄露了出去。当前来考察的苏联专家回国之后,他们还满心欢喜地等待对方回来签合同。他们没有想到,这是苏联设计的一场十分完美的骗局。他们将有关资料骗到手之后,自己去仿制,哪里还会签什么合同?由此可见,苏联放风说的建造一个世界上最大的喷气式客机制造厂,并不是什么大生意,而不过是一个虚设的"大诱饵"而已。

方圆智慧

方圆者为了实现利益的最大化,往往巧施手段,设下诱饵,让受骗者看得见、摸得着,然后在对方放松戒备之时,自己谋利。

11　有孔无孔都要钻

方圆术的精华,就是实现唯我独尊。方圆经营者在产品面对市场的时候,都会有一种"舍我其谁"的英雄气概。尤其是在产品符合市场的需要时,常常会遇到棋逢对手的竞争。此时,就需要采用独食其利的谋略,

先做人，后做事

使自己成为唯一的经营者。方圆经营者更是想尽一切办法，占领市场。有孔必入，是经营者垄断过程中必不可少的一步。

在激烈的市场竞争中，并不是所有的消费者的需求都得到了充分的满足。因此，任何一类市场都存在着很多消费需求的空隙。如果经营者能够善于寻求或发现市场空隙，见缝插针，有孔便入，根据市场需求推出自己的创新产品，就可避免陷入同行竞争的漩涡，企业也可以借机得到发展壮大。

英国的企鹅出版集团是世界领先的大众图书出版商之一，"企鹅"也是出版界最受欢迎的品牌。它是由艾伦·莱恩爵士在1935年创办的。

在1935年以前，如果你没有足够的钱或图书馆的借书卡，想要读到一本好书是件很不容易的事。那时的英国，阅读主要是有钱的贵族的习惯，书籍通常是羊皮面精装且价钱昂贵，普通大众无人敢问津。而少量的平装书几乎就是内容粗制滥造的标志。

1935年的一天，艾伦·莱恩在火车站等车时，想买本书消磨时间。他环顾站边小店的书架，架上除了重印的大厚本的维多利亚时代的小说，就是通俗的报纸杂志，找不到一本价廉物美的当代小说。失望之余，艾伦·莱恩脑中忽然闪出一个念头：自己为什么不将优秀的现当代文学作品，以前所未有的平装书形式出版，让所有买不起精装书而又喜爱读书的人都能有书可读呢？

回到伦敦之后，艾伦便开始着手实现他的想法。他的第一个计划是重版包括英国著名作家阿嘉莎·克里丝蒂的作品及美国作家海明威的《永别了，武器》在内的10种书，封面只搞平装，每本定价6便士。这个价格仅为原来精装本的1/12，这在当时只是一包普通香烟的价格。

艾伦带着自己的构想跑了很多出版社，不少出版商对他的计划冷嘲

● **第四章** 从商之道，名方实圆

热讽。以前也曾有人试过出平装本,大都以失败告终。而艾伦当时所在的 Bodley Head 出版社的合伙人对他更没有信心,只同意让他使用 Bodley Head 之名,却不愿出钱。他只得另谋资金,最终,艾伦说服了 Jonathan Cape 承揽这一业务。他还采纳了一位女秘书的意见,用"企鹅"作为这套丛书的标志。

第一批平装书问世后,艾伦没有像当时一些人预言的那样破产,而是获得了出乎意料的成功。由于只花 6 便士就能欣赏到名家的作品,人们争相购买,100 万册书在几个月内就销售一空。

第二年,艾伦创办了企鹅出版社。事实上,艾伦所发起的平装书革命,不仅使"企鹅"大获成功,还引得许多原来只出精装本书的出版社纷

163

先做人，后做事

纷建立了自己的平装本印刷厂，更有众多全新的出版社从此诞生……平装书的大行其道，直接改变了大众读者的文化生活和知识结构，进而扩大了市场，改变了出版界的发展趋势。

哪里有空子，哪里就有市场。日本人进行商战是全球性的，可以说是无所不在，连鲜为人知的太平洋群岛也没有被他们放弃。

20世纪60年代之后，日本产品开始进入美国市场。开始，欧美各大公司已经占领所有的主要市场，但在细分市场上仍有被忽视或还满足不了顾客需要的地方。这样，日本人就有空子可钻了。当时，欧美大公司侧重于华贵、大型和价格高的产品，如汽车、摩托车、电视机、复印机等，他们自恃产品质量硬、名气大，是品牌货，无须改进，不患无人购买。

日本与之相反，以小型而轻巧、质优而价廉的产品闯入美国市场。当时的许多美国企业家对此都不屑一顾。他们把本田的第一辆轻型摩托车视为"玩具"，把索尼的第一台小型电视机贬为"玩物"。

然而，日本的这些产品却赢得了美国顾客的赞赏。于是，精细灵巧、质优价廉的小型汽车、摩托车，实惠而又便于携带的录音机和电视机，功能、价格都适合小型公司需要的复印机等相继涌入美国市场。

"创造时尚"、"创造市场"就是对方圆术"没孔也要钻"的思想的灵活运用。

从客观上来讲，时尚是一种经济现象，它反映了消费者收入水平的提高和生产工艺技术的进步；从主观上来说，时尚是一种心理现象，它反映了消费者渴望变化，求美求新，自我表现等心理上和精神上的需要。

创造时尚法，就是企业经营者灵活运用各种手段，制造一些能在社会上迅速传播或风靡一时的事物，凭借这些事物，利用人们的从众、模仿心理，激发人们新的消费需求，从而达到创造顾客、创造市场的目的。

麦克尔和另一个推销员一起到某个小镇上去推销他们公司新生产的帽子。他们先去考察，以便制订推销计划。结果，两个人的考察截然相反。麦克尔说："这个小镇没有人戴帽子，潜力很大，值得开发。"另一个推销员说："这个小镇没有人戴帽子，是因为他们没有戴帽子的习惯，因此这里没有帽子的市场。"

上级同意了麦克尔的行销计划。这本来是不可能的，因为这是逆市场需求而行的，在大多数人眼里是注定要失败的。不过麦克尔动用了亲戚关系，获得了一个尝试的机会，结果麦克尔成功了。

麦克尔先让当地的知名人物戴上这种帽子，然后形成了一场流行。最后，麦克尔成功推销出了2万多顶帽子。

商场上遍地都是黄金。只要你肯去想，去钻，就没有不赚钱的道理。

方圆智慧

商场上机遇很多，但它只青睐善于把握的人。在机遇来临时，深谙方圆之术的经营者总是善于巧妙地把握机遇，最大限度地利用机遇一举成功。

12　虚张声势，在气势上占上风

虚张声势法，是指在经营活动中，经营者运用各种有效的手段，假装出实力强大的声势，迷惑对手、影响顾客，以达到制胜的目的。

先做人，后做事

1970年，郑周永投资创建蔚山造船厂，准备建造100万吨级超大型油轮。对于造船业来说，当时的郑周永可以说是一个门外汉，但经过专家多番论证分析，他对这个项目信心百倍。不久，郑周永就筹措了足够的贷款，只等客户来订货了。

然而，订货单并没有想象中的那么容易拿到，因为没有一个外商相信韩国企业有造大船的能力。为此，郑周永一连几天茶饭不思，冥思苦想。

终于，郑周永想出了一计。他从一大堆旧的发黄的钞票中，挑出一张5000元的纸币。纸币上印有15世纪朝鲜民族英雄李舜臣发明的龟甲船，其形状极易使人想到现代的油轮。而事实上，龟甲船只是古代海战中使用的一种运兵船，朝鲜民族英雄李舜臣就是用这种船打败倭寇丰臣秀吉的数次侵略。郑周永随身揣上这张旧钞,在外商面前大说特说,宣称他们国家已有400多年的造船历史了。经郑周永这么一宣传,许多外商果然信以为真,郑周永很快就签订了两张各为26万吨级的油轮的订单。

订单一到手,郑周永立即带领职工日夜不停地苦干。两年过后,两艘油轮竣工了,蔚山船厂也建成了。

人们在谈恋爱的时候,为了得到心上人的好感,总是把自己最好的一面展现给对方。商场上同样非常看重合作伙伴的实力,大多数商家都是通过各种假象迷惑对方,让对方对自己的实力深信不疑,从而促成交易的完成。

美国豆芽大王普洛奇在发迹之前听到消息,说生产中国豆芽很赚钱。经过深入调查后,他发现事实的确如此,有很大的利润空间。于是他立即着手从墨西哥购进大量的毛豆,开始生产人工豆芽。为了造声势,他还人作宣传。他专门请人在杂志上写了有关"毛豆历史"的文章,到处散发豆芽食谱。接着,与几个食品包装商接洽,将生产的豆芽卖给食品包装公司,直接卖给餐馆,并联系找其他的批发商,普洛奇的豆芽生产一开张便开始赚钱。

不久,普洛奇又冒出一个念头,如果跟人合作,让他们把豆芽制成罐头,不就可以赚更多的钱了吗?于是,他打电话给威斯康星州的一个食品包装公司,得到答复,只要普洛奇能找到罐头盒,他们同意替他把豆芽制成罐头。

当时正值第二次世界大战期间,所有金属都优先用于军事,老百姓只有极有限的配给。普洛奇冒昧地跑到华盛顿,靠他的三寸不烂之舌,一直冲到战争生产部门。他故弄玄虚,用了一个气派非凡的名称介绍自己,这是他和合伙人皮沙为他们俩的公司所取的名字——豆芽生产工会。这在

167

先做人，后做事

华府官员听来，这个名字倒像是什么农民工会，而不是一个只有两个人的公司。于是战争生产部门便让这位推销天才带走了几百万个稍有瑕疵、但仍可使用的罐头盒。

当普洛奇的生意越来越兴旺时，他和皮沙便买下了一家老罐头工厂，开始自行装罐。他将豆芽加上芥菜和其他蔬菜，做成一道美国人非常喜欢吃的中国"杂碎"菜。普洛奇继续发挥他"虚张声势"的才能，将罐头外面贴上名为"芙蓉"的标签。有了这个中国式名称，普洛奇又故意将罐头"压扁"，让美国人觉得这些罐头来自遥远的中国。事实证明，普洛奇的做法相当正确，销路好得简直有供不应求之势。

普洛奇一面扩大生产，一面将他们的公司改名叫"重庆"，并以"食品联会"的名义，组织大型的全国联销市场，推销"重庆"生产的食品。这给人造成了一种"重庆"是一家规模宏大、资本雄厚的公司的印象。

就这样，普洛奇靠"虚张声势"建立起企业形象，很快就让他赚了1亿美元。

这种手法被众多的商家作为迷惑对手的手段反复应用，屡试不爽。他们或者以弱示强，或者以强示弱，最终都如愿以偿地达到了自己的目的。

《孙子兵法》中有"兵不厌诈"之说，而"虚张声势"就是"兵不厌诈"的表现形式之一。自古以来，将"虚张声势"用在军事上并运用得有声有色的成功者，不乏其人。

谁都知道三国时的张飞是一员猛将，而他也是一个有勇有谋的大将。刘备起兵之初，与曹操交战，多次失利。刘表死后，刘备在荆州更是势孤力弱。这时，曹操领兵南下，直达宛城。刘备慌忙率领荆州军民退守江陵。由于老百姓也要跟着大军撤退，所以撤退的速度非常慢。曹兵追到当阳,与刘备的部队打了一仗,刘备败退,他的妻子和儿子都在乱军中被冲散了。刘备只得狼狈败退,令张飞断后,阻截追兵。

张飞只有二三十个骑兵,怎敌得过曹操的千军万马呢?但张飞临危不惧,镇定自若。他命令所率的二三十名骑兵都到树林子里去,砍下树

枝,绑在马后,然后骑马在林中飞跑打转。张飞一人骑着黑马,横着丈二长矛,威风凛凛地站在长坂坡的桥上。

追兵赶到,见张飞独自骑马横矛站在桥中,顿生奇怪,又看见桥东树林里尘土飞扬,便以为树林之中定有伏兵,立即停止了追击。就这样,张飞只带二三十名骑兵,就阻止住了追击的曹兵,让刘备和荆州军民顺利撤退。

西汉景帝时,李广为上郡太守。当时匈奴入侵上郡,景帝派宠幸之臣到上郡,帮助李广习兵击败匈奴。

一天,该宠臣与骑从十余人外出游猎,遇到三个匈奴人,与他们展开了激战,随从尽死,仅该宠臣一人被射伤逃至李广军营。李广说:"一定是射雕的匈奴人。"于是率百余骑兵追击那三个匈奴人,三人因无马步行,行数十里被李广追上,果然是射雕的匈奴人,李广杀死其中二人,活捉一人,

先做人，后做事

并将活捉的匈奴人带上附近小山。突然，李广发现不远处有数行匈奴骑兵。匈奴骑兵也看见了李广他们，认为是汉朝的诱敌之兵，于是上山布阵。李广的随从们非常害怕，想赶快逃跑。李广说："我们离大军数十里，这样逃跑，匈奴骑兵一定会追杀过来，那我们就完蛋了。如果我们按兵不动，匈奴兵以为我们是诱敌之兵，一定不敢袭击我们。"李广命令士兵继续往前靠近，又下令解下马鞍。随从们说："匈奴兵这么多，我们现在却把马鞍解下来，万一情况紧急，怎么办？"李广说："解下马鞍，可以让匈奴兵更加坚信我们是诱敌之兵。"匈奴兵中一骑白马之将出阵，李广上马带十余人追杀，射死骑白马之敌将，仍然回到原地，解下马鞍，让马卧下休息。直到天黑，匈奴兵始终怀疑，不敢前进，又恐怕汉朝有伏兵在附近会趁着黑夜进攻，于是在半夜时退兵后撤。

第二天天亮后，李广才带领随从回到大军营中。

这两个故事说明，在以劣势之兵抗击敌人优势兵力进攻之时，采用虚张欺骗的策略威慑敌人，借以挫伤敌人的士气，造成敌人的错误，不失为一个克敌制胜的良策。

方圆智慧

"虚张声势"是兵家诡道，但它并不仅限用于战事。历史上有人在刑侦、审讯之中，巧妙地运用此术，以帮助破案，也令人称道。

第四章 从商之道，名方实圆

13　万变不离其"利"

真正的方圆者，无论在政在商，都不会忘记为自己谋利。同时，通过他们"得了便宜还卖乖"的手段，既达到自己的目的，又使得别人对自己充满感激，手段可谓高明至极。

商业领域中卖乖会出奇制胜，以小换大。比如捐助、义卖、让利等公益活动，表面上资助是非营利甚至"倒贴"的社会公益事业，"无私地"奉献出爱心。实际上所起的广告效应，会远远大于同等成本的硬性广告。并且，"硬"广告只是让人知道，而"软"广告却在出名的同时获得好感和支持。可见，企业家应该善于操纵人心，学会卖乖。

有家小餐馆的老板娘，她做生意就特别会卖乖。她经常以十分关心人的口吻对客人说："早点回去吧，别喝了，明天还得上班呢！"其实，她内心巴不得人家喝到天亮呢。然而，就是这一句轻微的关怀话语，给客人以温馨和体贴的感觉，仿佛宾至如归。老板娘的这种做法不仅没有惹恼顾客，反而增加了回头客，生意也越做越红火。她正是利用了顾客的心理，得到了相应的感情回报。

刘畅进入职场有十多年了，如今在单位也算是一位人物了。她回忆刚进办公室那会儿之所以受到大家的喜欢，后来提拔得又那么快，主要是因为自己嘴"甜"。看见同事就叫"师傅"，见着领导更是"经理"、"书记"地叫个不停。在一次干部任免会上，她得到的评价是："尊敬老同志，这丫头好！"

先做人，后做事

此处所说的嘴甜卖乖，并不是说卖弄风情，虚情假意，而是从对方心理角度出发满足对方的需要，这是一种体贴，一种尊敬。

把他人利益摆在明处，将自己的好处落在暗处，不但会达到自己的目的，而且可以获得对方的人情。可见，卖乖绝对是最精明的方圆之术。

方圆智慧

在商言商，方圆经营者首先要把"利"放在第一位。经商需圆，但也不能"骗"，道德始终应该成为底线。

第五章

识人要方,用人要圆

察其心而懂其人,这是领导者以及所有具备大智慧、拥有远大志向的人都必须练就的本事。领导者必须精于揣摩人情、把握人心,无论是识人、用人,还是管人、懂人,都须用心研究,并因人而异施展手段。

先做人，后做事

01　刚柔相济，树立威信

　　从心理学角度讲，刚与柔是个人性格的两种不同的表现形式。从领导艺术的角度讲，它又是一种工作方法。

　　人不可无刚，无刚则不能立，不能立也就不能强，不能强也就不能成就一番事业。刚就是使人站立起来的一种东西，刚是一种威严，一种自信，一种力量。由于有了刚，那些先贤们才能独立不惧，坚忍不拔。人也不可无柔，无柔则亲不和，不和就会陷入孤立，四面楚歌。柔是一种使人站立长久的东西，柔是一种魅力，一种收敛。该刚则刚，该柔则柔，刚柔相济，才会使事物朝着最顺利的方向发展。作为有经验的管理者，必须具备刚与柔的心理素质，必须娴熟地运用刚柔相济的领导艺术。

　　方圆术认为，刚柔相济是一种高超的管理方法。方圆型管理者不失时机地付出廉价的感情投资，对于拉拢和控制部下，使其为自己办事往往非常有帮助。

　　东汉初年，冯异治理关中甚见成效，有人便向刘秀打他的小报告："冯异威权至重，百姓归心，号为咸阳王。"刘秀虽然不相信这一套，但他也没有就此罢休，而是将这份报告转给了冯异。冯异大为惊恐，连忙上书申辩，刘秀便抚慰他说："将军之于国家，义为君臣，恩犹父子，何嫌何疑，而有惧意！"这样的效果显然比简单的施恩或施威更好得多。

　　一位方圆型管理者指出："从企业管理这个角度来说，对人的理解、管理、使用，这大概是管理最重要的问题。"

　　如果说索尼公司有所成就的话，则应当归功于管理者具备发挥优秀人才作用的本领。相比之下，盛田昭夫更乐于雇用喜欢标新立异和具有不同经历的人，他要的是有创造力的员工，而不是庸碌之辈。只要盛田昭夫认准是人才就想方设法使其加盟，并为其提供施展才华的广阔天地。

为了保证全体员工人尽其才，各得其志，索尼公司实行两年期轮换工作制和公司内部人员流动制。盛田昭夫认为，变动比在一个职务上干一辈子要好。长期不变，人的思想就会僵化。同时，流动也是一举两得的事。它既可以使员工找到更适合自己的工作，也可以让人事部门了解员工的潜在问题。人的能力和公司都在变化，因此内部流动有助于人尽其才，也有助于索尼公司永葆生机。

关于员工的提升，盛田昭夫坚持两个原则：一是以工作业绩而不是资历、学历；二是不追究往日的过失。他认为，有过失是人之常情。如果一个人犯了错误就永远打入另册，再也无法升职，他就会失去工作的热情，公司也再不能从他身上获益。

虽然盛田昭夫在管理上主张以"和"为贵，十分注重在公司内塑造一种家庭式的情感气氛，但这并不代表对员工的错误听之任之。

有一次，佐岗清一违反公司规定，未经请示就擅自变更了承包定额单价，被盛田昭夫知道了。

晚上10点，佐岗清一被叫到盛田昭夫面前。正在同客人谈话的盛田昭夫忍不住当众大声责骂，客人出面求情也不肯罢休。盛田昭夫一边严厉责骂，还一边用挑火棒使劲敲打火炉。骂完之后，盛田昭夫注视着挑火棒说："你看，我骂得多么激动，居然把挑火棒都扭弯了，你能不能帮我把它弄直？"

这是一句多么绝妙的请求！佐岗清一自然是遵命，两三下就把它弄直了。盛田昭夫说："咦？你的手可真巧啊！"随之，盛田昭夫脸上立刻绽出了亲切、和蔼的微笑，高高兴兴地赞美佐岗清一。至此，佐岗清一一肚子的不满情绪一下子烟消云散了。更令他吃惊的是，他一回到家，竟然看

先做人，后做事

到太太准备了丰盛的酒菜等着他。"这是怎么回事?"佐岗清一问道。"哦,盛田昭夫先生刚才来电话说:'你丈夫今天回家的时候,心情一定非常恶劣,你最好准备点好吃的让他解解闷吧。'"自此以后,佐岗清一更是干劲十足地工作了。

盛田昭夫通过刚柔并济的方式,不仅维护了自己在员工面前的威信,还使员工感激。许多人都是在盛田昭夫的数次批评之后,迅速成长为公司杰出的高层管理人员。

下属最拥戴的,是那些关心他的疾苦,给他们帮助的管理者。为了这一点,他们甚至可以牺牲一切。

企业要想获得成功,没有什么不可告人的公式和秘密。不是理论,不是计划,也不是政府政策,而是人,只有人才能使其获得成功。人是决定一切的力量,管理者的责任就是给每个员工安排能发挥他们才能的工作。所以,让工作去适应人,而不是让人去适应工作。

刚柔并济的感情投资方式是管理者常用的一种对待下属的"手段"。这样既保证了领导的权威,又照顾了下属的自尊。实在是明智之举。

古人说过:"士为知己者死。"人非草木,孰能无情? 有了能体恤下属的上司,下属怎能不尽心竭力地报效呢? 历代高明的统治者没有不能深刻理解这一点的,因此历史上出现许多君主与大臣联姻的现象,君主关怀

第五章 识人要方，用人要圆

臣下的事情也不绝于书。正是因为感情的存在才使无数难于解决的矛盾化为乌有，让无数大智大勇的人为之赴汤蹈火，死而无憾。

吴起在魏国为将时，同最低级的士兵穿同样的衣服，吃同样的饭，睡觉不另设床铺，行军不乘坐马车。他还跟士兵一样亲自背负粮食，在衣食住行上都没有一点特殊，与士兵同劳苦。有一个士兵身上长了毒疮，吴起就亲自给他吸吮疮脓，这位士兵的母亲听后不禁痛哭起来。因为她知道吴起如此爱护她的孩子，必将使他深感吴起的恩爱，必激发他的战斗意志和牺牲精神，终将效死沙场。因此，她为儿子的即将战死而痛哭。

"攻心为上，攻城为下"，好的领导者对待下级就该如此。善任厚待、宽严相济，把握好这一分寸，不怕得不到下级的心。

宋太祖赵匡胤非常懂得驭臣之术，他对待权臣刚柔并济，怀柔安抚，很好地解决了天下统一后的军权问题，这是任何前人都无法比拟的。

除了"杯酒释兵权"以外，还有很多方面可以说明赵匡胤很会使用驭臣之术，比如他对大将曹彬说谎，也是非常高明的策略。

当初，赵匡胤企图攻取江南南唐时，左思右想不知该派谁去合适，后来决定派大将曹彬担此重任。但他又怕曹彬不尽全力，于是就对曹彬说："封侯拜相是每个文臣武将的追求，想必你也不例外，现在朕命你攻打南唐，如果胜利归来，朕就封你为丞相。"

曹彬听后自然非常高兴，有了赵匡胤的允诺，他打起仗来十分卖力，杀得敌军节节败退。最后，他带领大军直捣江南，冲锋陷阵，奋勇杀敌，很快就消灭了南唐政权，俘虏了南唐皇帝李煜。回朝后的曹彬得意洋洋，就等着做宰相了，不料赵匡胤竟变卦了，不仅没封他为丞相，还命他即刻攻打太原。

曹彬感到自己被皇上欺骗了，赵匡胤却解释说："丞相为百官之首，无可再升。如今天下未定，还需你们为朕分忧解难。倘若你官居丞相，志得意满，怕是不会那么卖力为我打仗了。"

先做人，后做事

曹彬纵使有满腹怨言,也不敢说,谢恩回府。他刚一进门,便见室中堆满了金银,数额巨大。当他得知这是皇上赏赐的五十万钱时,刚才的不快立刻烟消云散,内心对赵匡胤也是感恩不尽,嘴上也说:"就算当了丞相,也不过多得点钱财,现在有了这么多钱,我又何必争当什么丞相呢?"

曹彬心满意足地去攻打太原了,而且日后绝不以赵匡胤说谎为念。他竭尽心力,为宋王朝立下了许多功绩。

现代人更应懂得感情投资的重要性,特别是现代一些著名的企业家,他们更无时无刻地不在运用这种神秘的攻心兵法。许多身居高位的大人物,会记得只见过一两次面的下属的名字,在电梯上或门口遇见时,点头微笑之余,叫出下属的名字,会令下属受宠若惊。

方圆型领导者懂得,作为上级,只有和下级搞好关系,赢得下级的拥戴,才能调动起下级的积极性,从而促使他们尽心尽力地工作。俗话说"将心比心",你想要别人怎样对待自己,那么自己就要先善待别人。只有先付出爱和真情,才能收到一呼百应的效果。

日本著名的企业家井深大就是一个注重感情投资的人。他曾说过:"最失败的领导,就是那种员工一看见你,就像鱼一样没命地逃开的领导。"他每次看见辛勤工作的员工,都要亲自上前为其沏上一杯茶,并充满感激地说:"太感谢了,你辛苦了,请喝杯茶吧!"正因为在这些小事上,井深大都不忘记表达出对下级的爱和关怀,所以他获得了员工们一致的拥戴,他们都心甘情愿地为他效力,他想办的事自然都能办成。

聪明的领导者,就是最大限度地影响追随者的思想、感情乃至行为。尊重员工、关心员工是搞好人力资源开发与管理的前提与基础,这一点对企业尤其重要。

方圆智慧

在与员工拉近关系的同时,也要注意与员工的距离不能太近。作为一名领导者,首先要树立起自己的威信,这是为了更好地管理。"架子"该摆的时候还是要摆。

02 知人善用,恩威并施

作为一个领导,不一定非要精通每一门学问。事实上,这也不可能做到,但他必须有一般人所不具备的用人的才干。

"尺有所短,寸有所长",世间没有十全十美的人,你只要能找到某方面或某一项工作有专长的人才就够了。所以,领导者用人的要点在于用人所长。用其所长,下属工作积极,管理效能明显,事半功倍。倘若用非所长,勉为其难,让勇士去绣花,那真是极不明智的安排。

用人用他的长处,就要容忍他的短处。美籍学者杜拉克在《有效的管理者》一书中说:"倘若要你所用的人没有短处,其结果至多是一个平平凡凡的组织,所谓样样都是,必然一无是处。才干越高的人,其缺点也往

先做人，后做事

往越明显。有高峰必有低谷。谁也不可能是十项全能。与人类现有博大的知识、经验、能力的汇总来相比，任何伟大的天才都不及格。"一位经营者在用人时若能有容人之短的胆量和利用人之长的胆识，就会找到帮助自己获取成功的满意之人。

春秋时，齐国发生内乱，管仲在帮助公子纠与公子小白争夺帝位的斗争中，曾射了公子小白一箭。后来，公子小白继位，即为齐桓公。桓公知道管仲是个难得的人才，不计前嫌，任管仲为相。

管仲任相之初就向桓公提出："建成大厦，决不能单凭一根木材，汇成大海也绝不能仅靠几条涓涓细流。君王欲成就大业必须任用'五杰'——举动讲规范、进退合礼节、言辞刚柔相济，我不如隰朋，请任命他为大司行，负责外交；开荒建城、垦地蓄粮、增加人口，我不如宁戚，请任命他为大司田，掌管农业生产；在广阔的原野上使战车不乱、兵士不退，擂鼓指挥将士视死如归，我不如王子城父，请任命他为大司马，统帅三军；能够断案合理公道，不杀无辜者，不诬无罪者，我不如宾胥无，请任命他为大司理，负责司法刑律；敢于犯颜直谏，不避死亡、不图富贵，我不如鲍叔牙，请任命他为大谏之臣，主管监察谏议。"

桓公听从管仲建议，令五人各掌其事，从而组成了一个强有力的领导集团。在以管仲为首的一班贤臣的悉心辅佐下，齐国很快转弱为强，成为"春秋五霸"之首。

汉高祖刘邦出身低微，文治武功也平淡无奇，因而遭到后人的诸多非议，但他最大的特点是善于用人。因此，他能灭秦挫项，一统天下。

刘邦建汉后，曾对群臣坦言："运筹帷幄之中，决胜千里之外，我不如张良；治理国家，安抚百姓，筹备粮饷，支援前方，我不如萧何；率百万大军，攻必克，战必胜，我不如韩信。这三人，皆天下豪杰，我能任用他们，是夺取天下的原因。项羽连一个范增都不用，这就是他失败的关键。"

刘邦的这"三不如"道出了王者的气度，也实事求是地给出了其制胜天下的原因——选贤任能。

　　用人之长,容人之短,是唯才是举的一个重要原则,也是古往今来开明的领导者所遵循的一条重要的管理思想。唐代文学家陆贽曾说:"若录长补短,则天下无不用之人;责短舍长,则天下无不弃之士。"

　　方圆术强调,任用下属办事有一个技巧的问题。聪明的领导要懂得用人所长,"用人者,取人之长,避人之短",而新方圆管理学则推崇一种更为高明的用人术,即"用人之短"的功夫。

　　其实,人们的短处和长处之间并没有绝对的界限,许多短处之中可以蕴藏着长处。有人性格倔强,固执己见,但他同时必然颇有主见,不会随波逐流,不会轻易附和别人的意见;有人办事缓慢不出活儿,但他同时往往有条有理,踏实细致;有人性格不合群,经常我行我素,但他可能有诸多创造,甚至是硕果累累。领导者的高明之处,就在于短中见长,善用短处。

　　人是决定一切的力量,管理者的责任就是给每个下属安排能发挥他们才能的工作。但是,作为一名领导者,还必须树立自己的威信,让员工又敬又畏的领导才能更好地管理好下属的工作,而"恩威并施"就不失为解决问题的一个好计策。

　　袁世凯虽然只做了83天皇帝,就在全国人民的一片反对声中死去,但他却有着自己的一套用人之道。

　　袁世凯曾经向人透露过他的用人秘诀:"练兵(用人)看起来很复杂,其实也很简单,主要的是要练他们'绝对服从命令'。我们一手拿着官和钱,一手拿着刀,服从就有官有钱,不服从就吃刀。"

　　袁世凯手下有个秘书名叫阮忠枢。有一次,他偶然结识了妓女小玉,想娶来做小老婆。袁世凯借口有碍军誉,没有同意。事后,袁世凯却秘密派人将小玉从妓院赎出,并在天津为其购置了房舍用具,然后带阮忠枢过去,成全了他的"美事"。从此,阮忠枢对袁世凯更加忠心,甚至在袁世凯称帝失败、落到了国人皆曰可杀的地步之时,阮忠枢还在四处活动让袁世

先做人，后做事

凯留任大总统。

袁世凯对他的许多心腹,高一级的如有"北洋三杰"之称的段祺瑞、冯国璋、王士珍,还有次一级的如曹锟、张作霖等都使用过类似手段。

袁世凯任直隶总督时,为了表示任人唯公,常用考试的办法提升军官。北洋新军成立第一协时,王士珍考第一,当了协统;成立第二协时,冯国璋考第一,也当协统。留过洋的"将门之子"段祺瑞两次名落孙山,成立第三协时惶惶不安,深恐考试再落榜。不料考试前一天,袁世凯突然差人将他叫到书房,悄悄将试题递到他手中。于是,段祺瑞也考了第一,当了协统。事后,段祺瑞每与密友谈起此事,总表示"受恩深重,终身不忘"。其实,王士珍、冯国璋高登榜首,又何尝不是有赖袁世凯的"恩惠"?

有一次,袁世凯的重将——时任东北部队师长的张作霖进京谒见袁世凯。当时袁的办公室里陈列着四块打簧金表。每块表的边上都环绕着一圈珠子,表的背面是珐琅烧的小人,极其精致。袁世凯对它们极其喜爱。二人叙谈时,袁世凯见张作霖的眼神总往他那心爱的四块金表上瞅,立即懂了张作霖的心思,当场爽快地把那四块金表送给了他。

北洋军之所以除了袁世凯之外,谁都无法驾驭,与袁世凯的这套独特的驭人之术有着很大的关系。

恩威并济也是现代管理者常用的一种对待下属的手段。这样既可保证领导的权威，又照顾了下属的自尊，实在是明智之举。

一位深谙方圆术的领导者指出：由于智力结构思维习惯的不同、心理素质的差异、成长环境的差别，每个人都互有长短，各有千秋。有的善于统筹全局，有综合能力，可为统帅之才；有的工于心计，擅长出谋划策，可为参谋之才；有的长于舌战，头脑灵活，可为外交人才；有的能说会道，有经济头脑，可为推销之才；有的形象思维能力强，可向艺术领域发展；有的抽象思维能力强，可进军科技领域，必会有所建树。甚至，同样类型的人才在处理同样事务时，由于其心理素质或其他方面的差异，其表现手段、方法也会有所不同，结果自然也就会大相径庭。正确的用人之道，就是唯才是举，任人唯贤；用其所长，避其所短。

"金无足赤，人无完人。"世界上没有十全十美的人，任何人都有其长处，也必有其短处。人之长处固然值得发扬，而从人之短处中挖掘出长处，由善用人之长发展到善用人之短，这是方圆型管理者用人艺术的精华之所在。

方圆智慧

方圆型管理者懂得：人尽其才之策，对国家是大计；对企业而言，更是良策，而善用人之短，更是一种高妙的策略。

03　奖惩并用

一切的管理皆来自于权力。权力的实质是管理，不用权力事事皆难，

先 做 人 ， 后 做 事

但如何行使权力却让许多管理者头疼不已。一个工作最有成效的领导者和管理者通常都有很大的权力。方圆型管理者通常会建立起牢靠的与同事之间、与下属之间的关系。他们不会让下属坐冷板凳，也知道奖励不是唯一的管理方法，他们会奖惩并用。

方圆型管理者在管理下属时，还没做事，先制定管理规章，就能办成事；做事时，先鼓舞起士气，就可以取胜。因此说，管理的事务在于管理的先导性。

许多人都问过艾科卡一个问题："你是如何把一个滑落到破产边缘的公司起死回生的?"艾科卡说：制定奖励惩罚制度，严格按照制度执行。

克莱斯勒公司在管理体制中特别重视人才的作用。为了充分地发挥科研人员的才能，拉住员工的心，使其最大限度地发挥创新的力量，他们在多年的生产实践中，制定了一整套优厚的奖励制度，通过这些奖励制度，激励员工不断掌握最新的技术，不断创造新的工作业绩，并且通过按成就领取报酬，吸引了许多出色的专业技术人才。公司规定员工可以从一个小组流向另一个小组，从一个职能机构流向另一个职能机构，而每个员工只能以其工作能力作为获得报酬的基础，而不是以他在组织中的地位。这就保证了每一位员工无论他在任何一个岗位上，他都必须努力工作才能拿到报酬。

在优厚奖励的同时，艾科卡在管理上突出从严执法，该削减的冗员，无论什么人都不留面子；办事人员无论职位多高，一律必须深入生产第一线；如果不能按时完成工作计划，无论任何人，都要被毫不留情地撤职。

俗话说，没有规矩，不成方圆。公司的管理离不开各种规章制度，有了规章制度还必须按时检查，严格执行；制定规章制度而不去执行，所有的规章制度就如同一张废纸，发挥不了其应有的作用。规章制度形同虚设,是许多私营企业在经营管理中造成失误或失败的重要原因。

总而言之,对有功之人要大加奖励,对危害公司或对公司无益的人要无情地淘汰。如果说艾科卡的管理有什么经验的话,就是"令行禁止"这4个字,任何人都不能凌驾于制度之上。

管人者遇见不听话的人,首先要弄清他的价值,弄清楚他的工作是否难以替代。假若真的不可替代,如果没了他企业会受到损失的话,不如先采取策略,暂时容忍他。等到时机成熟,有了比他更优秀的"接班人",再立即解雇他。同时,向其他下级解释解雇这个不听话的人的原因。

在激烈的商业竞争时代,方圆型的经营者为了提高生产力,都十分善于激励员工,并且慷慨大方,而不让员工时时感觉到你在拼命地克扣和压榨他们。而且,这种慷慨也不是讨价还价。当你给出去时,不应当期待任何回报。而事实上,你会因此得到更多的回报。

作为管理者,你应该毫不犹豫,该花给员工的你就得花费出去。这些费用也许有时是由公司支出,但也许有时你得自己掏腰包。作为管理者,你要在这点上做出一点牺牲,而不应该在任何事情上都斤斤计较。有些费用,你必须自己掏出,如买饮料、赠送新年贺卡、当员工生病时送上一束鲜花等。

东京一家著名电视机厂经营不善,濒临倒闭。老板焦思苦虑,最后终于想出了一个主意,采取两项措施,看似一些"雕虫小技",但令人惊讶不已。

首先,老板把职工召集在一起,邀请他们聚会喝咖啡,还赠送给每人一台半导体收音机。老板说:"你们看看,这么脏乱的环境里怎么搞生产呢?"于是大家一齐动手,清扫、粉刷了厂房,使工厂的面貌为之一新。

其次,老板主动拜访了工会负责人,希望"多多关照",此举使工人们

先做人，后做事

很快解除了戒备心理。经理不仅雇请年轻力壮的人,而且把以前被该厂解雇的老工人全部召集回来,重新雇用。

这样一来,工人们的感恩戴德之心油然而生,生产效率急转直上。一年后,这家工厂产品的数量和质量都达到历史最好水平。

身为管人者,必须在自己管辖的范围内"说了算"。为避免下属揽功推过,应坚持责、权、利相统一的原则。一旦运用了强制手段就必须毫无怜悯心地继续下去,下级开始软弱、妥协时也不要放松。通过工作指派、权力授予、责任创造给下级"授"权,管理者要及时拿出管理者的权威。

对于下属的缺点和不良倾向不能视而不见,举措不力,姑息迁就,而且这从根本上讲也是害了下属本人,不利于他本人的成长进步。同时,如果任其自行自便发展下去形成了气候,企业内部的不良风气就会滋生蔓延,长此以往势必会损害你的威信。

方圆型管理者懂得像魔术师一样,让胡萝卜和大棒轮流在手中出现。奖赏是一种正面的强化激励,正面强化是对正确的言行加以肯定和赞赏,从而起到保持发扬和巩固的目的。当职工做出成绩时,当奖则奖,奖既是一种物质的,也是一种精神的激励。它激励的是下属的进取精神。罚是一种负面效应,但也常常起到正面的效果。批评和惩罚作为负强化的手段,其目的在于使下属内疚而悔过,从而更正错误,跌倒后站起来,改进工作。

方圆智慧

作为领导者,既要紧紧地把握领导权,又要充分地调动下属的积极性。运用"方"、"圆"两手,当奖则奖,当罚则罚,下属中就不会再有人视工作为儿戏了。

04 大权独揽,小权分散

在任何一个团体内,上下有序,才能保持团结。不然,各有主张,公说公有理,婆说婆有理,很难维护统一。方圆型领导者要维护自己所在集团的统一团结,必须学会大权独揽的策略。

管理者所面临的事务总是纷繁复杂、千头万绪,任何管理者,即使精力、智力超群,也不可能独揽一切,因此必须把一些事情交给下属执行。不会授权或不愿授权的领导者,将给自己积聚愈来愈多的工作决策事务,使自己在日常琐碎的工作细节中越陷越深,甚至成为碌碌无为的"事务主义"者。到此地步,有些事已一拖再拖,另一些事则可能根本无暇顾及,而许多需要领导者处理的大事却搁置在一边。另外,下级的积极性也受到压抑,工作失去了兴趣和主动性。

作为管理者,贵在学会科学地授权。授权,其实就是指上级在下达任

先做人，后做事

务时，允许下属自己决定行动方案，并能进行创造性的工作。合理授权，使管理者重在管理，而非从事具体事务；重在战略，而非战术；重在统帅，而非用兵。授权有利于领导者议大事、抓大事，居高临下，把握全局。合理地授权，能够使每个人感到受重视、信任，进而使他们有责任心，人人都能发挥所长。

当然，身为管理者，最为根本的权柄还是必须掌握在自己手中。授人以权柄，是为了使其发挥所长，为自己所管辖的区域内尽量多地做事，其前提仍然是为我所用。一旦授权过多，属下滥用职权，无所顾忌，则可能出现南辕北辙现象。说到底，管理学的智慧，就是保持授权和控制的微妙平衡。

周威烈王二十三年(前403年)，已经瓜分了晋国的韩、赵、魏三家得到了周天子的册命，正式成为韩、赵、魏三个新兴的国家。在魏国，促成这一历史性转变的国君是魏文侯。魏文侯在位期间，通过各种改革，魏国的经济得以迅速发展，国力逐渐强大，成为战国初期一个异常强盛的国家。而在这个改革图强的过程中，尊贤任能对魏国的繁荣起了重大作用。

魏文侯非常尊敬贤能。他对当时魏国的贤人段干木就礼遇到了无以复加的地步，被人们广为传诵。但魏文侯尊贤并不是做做样子，而是实实在在地按才任用。他任人的最大特点是用其所长，充分授权，用而不疑。吴起是当时著名的军事家，但人们对他的为人颇有微词。他曾在鲁国任将军，齐国攻打鲁国，鲁国打算任命他为抗击齐国的主帅。但由于吴起的妻子是齐国人，鲁国很是猜疑，议而不决。求功名心切的吴起竟然杀了妻子，以此表明自己和齐国没有任何关系。于是鲁国才任命他为大将，带兵攻打齐国，"大破之"。尽管取得了战争的胜利，但杀自己的妻子毕竟太过残忍，因此也给他招来了一大堆闲话。吴起最后受不了鲁君的猜疑，就

第五章 识人要方,用人要圆

投奔到了魏国。

文侯问大臣李克,吴起是怎样的人?李克大约也听信了关于吴起的闲言碎语,说他"贪而好色",但也并不能因此而抹杀他的军事才能,说他用兵比得上司马穰苴。于是,魏文侯以吴起为大将,统领全国军队,自己不再过问。后来,吴起用事实纠正了对他的一些不公正看法。他不仅带兵伐秦之时连拔五城,在带兵上也颇为得人心,常常和底层军官同甘共苦,因此"尽能得士心"。于是魏文侯任命他为西河守,全力对抗秦、韩两强国。

因为下属有才能,所以管理者要相信他,他就会充分发挥自己的能动性;不相信他,则会使其在感情上受到损伤,在积极性上受到抑制。

一个管理者如凡事都得亲自定夺,个人说了算,即使部属在职责范围内能干好的事情,也细心去问,必然束缚下属的手脚。更何况,一个管理者的能力与精力都是有限的,管得过多过细,就无力在竞争中把握大的方向。

"大权独揽,小权分散"是方圆型领导用人的一个诀窍。这样既能控制下属,又能让下属感到被重视而尽力工作。

先做人，后做事

　　管理者在向下属分配任务时,只需从总体上把握,告诉他们你的期望与需求。仅此而已,具体的内容不必过于苛求。为下属设定大的框架,具体实施就放手让下属去做,下属肯定会乐此不疲。作为管理者应该知道,下属的最大愿望就是自我规划、发挥全力、开拓空间,闯出自己的一片天地。

　　美国土木建筑业大王比达·吉威特不仅称霸于建筑业界,在煤矿、畜牧、保险、出版、电视公司,都占有一席之地,并获得了巨大的利益。

　　比尔·吉威特之所以能够取得如此大的成就,一个重要的原因就是他对所经营的事业并不亲自参与,始终只做战略上的谋划与设计,然后把一切完全托付给实际负责人。至于工作效果,他更能很迅速地给予评价,丝毫不放松,这就是他的一贯作风。

　　有些企业老总不善授权,弄得自己身心疲惫,所谓"吃饭有人找,睡觉有人喊,走路有人拦",整天忙得不可开交,而到头来事业却没有什么起色。想想看,是否也犯了诸葛亮的毛病?

　　诸葛亮是三国时期蜀汉政权的主要领导者之一,为蜀汉政权的建立立下了汗马功劳,他"鞠躬尽瘁,死而后已"的臣子风范为后世所称道。但他做事谨慎、事必躬亲的做法,最终不但造成蜀汉人才出现严重断层,自己也因积劳成疾,英年早逝。

　　蜀汉名将魏延智勇双全,自率部投诚以来,数战有功,刘备称汉中王迁都成都时,破格提拔他为镇远将军,领汉中太守,使魏延的才干得到了充分的发挥。刘备死后,诸葛亮大举北伐,魏延作为诸葛亮的左膀右臂,为蜀汉立下了赫赫战功。但魏延为人孤高,引起素来谨慎的诸葛亮的怀疑。因此,当魏延向诸葛亮提出著名的奇袭长安的"子午谷之计"时,诸葛亮非但不予采纳,连先锋也不让他做,却让只会夸夸其谈而缺乏实际作

● 第五章 识人要方,用人要圆

战经验的马谡当了先锋。结果,因马谡无能导致街亭失守,使得北伐失败。

而蜀汉另一名将李严也是在诸葛亮的手下被埋没的。

本来,在刘备眼中,李严是仅次于诸葛亮的人物。刘备临终托孤:"严与诸葛亮并受遗诏辅少主,以严为中督护,统内外军事,留镇永安。"目的很清楚,刘备是让诸葛亮在成都辅刘禅主政务,让李严屯永安拒吴并主军务。诸葛亮秉政,本应充分发挥李严等人的作用,然而,诸葛亮事无巨细,处处都要自己过问,当然引起李严的不满。这样,非但李严的才智未能得到发挥,两人的关系也由此产生了裂痕。后来,诸葛亮以第五次北伐为借口,削了李严的兵权,调其到汉中负责后勤工作。因运粮事件,诸葛亮抓住李严的把柄,将他废为平民。废了李严,诸葛亮就亲自抓起了运粮事宜,耗费了无数精力,搞出了"木牛流马"。虽为人称颂,但他不善授权,事必躬亲的一贯作风最终累及自身。五丈原与曹军对峙,旷日持久,士兵有些松懈,确需整顿军纪。这些本应让众将来管理各自的部属,可诸葛亮却是"罚二十以上亲览",甚至"自校簿书",忙得没日没夜。难怪他的老对手司马懿听说后断言:"亮将死矣。"果如其言,不久,诸葛亮就累死在阵前。

更令人叹息的是,诸葛亮没有培养好接班人,使原本人才济济的蜀国在他死后出现了人才的断层。不久,刘备用大半生的心血建立起来的蜀汉政权便告结束。

古人说:"为将之道,在能用兵;为君之道,不在能用兵,在能用用兵之人。""良将无功"是《孙子兵法》上的一句话,说的是一名优秀的将领,不应去追求那些细小的战功,而应统率全局,胸怀大志,谋虑战略上的进取。他所追求的不是那些微小低效之功,而是更高层次更具有重大意义的功,

先做人，后做事

从而由"有所小为"转向"有所大为"。

美国总统罗斯福有一句名言："一位最佳领导者，是一位知人善任者。而在下属甘心从事于其职守时，领导要有自我约束的力量，而不可随意插手干涉他们。"任意干预下一层次工作的后果必然是：浪费了自己宝贵的时间和精力，还会造就没有主见、没有责任感的下属，又反过来加重自己的负担。同时，事必躬亲的领导者肯定无法留住真正的人才，因为任何有创见有能力的下属绝不希望上级领导时时相伴左右，更不甘心在上级领导框定的圈圈内不越雷池一步。

所以，国外许多有关管理理论的论著中都强调指出：凡可以授权给他人做的，自己不要去做。当你发现自己忙不过来的时候，你就要考虑自己是否做了下属可做的事，那就应当把权力派下去。

松下电器的创始人松下幸之助常常对一些高级管理人员说："以身作则可以说非常重要，但光是这样还不够。如何把工作交给部下是相当重要的一件事。如果这样做了，部下必会善尽自己的职责，甚至代替上司的工作，能力超过上司。凡是拥有众多这类人的公司或集团，必然会有长足的进步。"

根据这样一种认识，松下电器早在 1933 年就采取同一产品几个事业部相互竞争的体制。各事业部像一个独立企业那样具有独立性，部长拥有处理一切日常事务的自主权。结果，被委以重任的人常会为松下幸之助的如此信任而感激不尽，他们以自己拼命工作的精神带动部门全体职员共同奋斗，取得极好的效果。

有一次，松下幸之助准备在金泽开设一家办事处，他把这个任务交给了一个 19 岁的年轻人，松下幸之助认为他纯真而又有责任感。在工作一段时间后，松下幸之助对这个年轻人说："你看，加藤和福岛正则都在十几岁时立下赫赫战功,你不是已经19岁了吗?还有什么做不到的事呢?"

第二年,松下幸之助在一次办事途中路过金泽,这个年轻人率领全体职员请董事长去检查工作,为了表示对他的信任,松下幸之助故意说没有时间,只听取当面汇报。事实证明,那位年轻人非常圆满地完成了任务。

从那以后,松下幸之助经常以这种方式建立很多办事处,从来没有一次失败。只要你对人信赖,就能用"活"人。松下幸之助的阵前指挥,不是真正站在最前线的阵前指挥,而是坐在社长室里做阵前指挥。所以各战线要靠个人的力量去作战,这样反而能培养出许多尽职的员工。

方圆型管理者必须有"良将无功"的观念,不要大事小事一把抓,应该适当地把权力下放给员工。员工得到上司的信任,心中就会有满足感,他们会更加尽全力去做事。一位成功的企业家,应该懂得使每一个层次的人员各司其职、尽其责、使其智、成其事。

方圆智慧

方圆型的管理者无论是在政治上、军事上,还是在经营管理中,都善于发挥下属的积极性。正如《孙子兵法·谋攻篇》所说:"将能而君不御者胜。"将帅有指挥打仗的能力而国君能做到不随意加以控制,就会赢得胜利。

05　驾驭下属张弛有度

许多人说:"管人不就是施展手中的权力,让别人'俯首称臣'吗?"事

先做人，后做事

实上，"管人"可不那么简单，你必须用好方圆术，把握好"方"和"圆"的尺度。刘邦、司马懿深谙怎么驾驭下属，使得下属甘愿为他打江山，所以这二人能得天下。可见，管人还真是一门大学问。

你不能因为自己是领导就对别人颐指气使，吆五喝六，一副全黑的面孔；也不能同下属平等到他们瞧不起你，不把你当回事的程度；你不能玩弄权术，让别人都觉得你坏；也不能诚实到你心里有什么事别人马上就能看出来；你既不能城府太深，用心太过，也不能嘻嘻哈哈、随随便便；既不能冷酷到不近人情，又不能脸皮太薄，心肠太软；你既要做到和蔼可亲、平易近人，又必须令出禁止、威严有度；既有菩萨心肠，又有魔鬼手段……可见，"管人"是一门方圆学问，是一门艺术，更是一套高深的谋略。

管理者的主要任务就是管人治事。但是同为管理者，业绩和成就却有较大的差异，其根本原因就在于管人艺术的高低。善管人者，指挥若定，左右逢源，一呼百应，被管的人也心甘情愿，心悦诚服。有了"人心"的基础，企业自然会蒸蒸日上，一帆风顺。而不善管人者，捉襟见肘，顾此失彼，焦头烂额，企业人心涣散，一盘散沙。二者的境况天差地别，这里面显然暗藏天机。

首先，要学会理解和欣赏下属，让自己的下属口服心服。懂得方圆术的领导绝不会忽视下级的支持和力量。

下属和员工是你政绩的创造者。你的决策再正确，点子再高明，离开下属和员工的支持和实施，那不过是纸上谈兵，空中楼阁。你就好比发动机，没有无数个螺丝钉固定和连接其他的零部件，你能发动得起来吗？虽然你也可能用高压的办法，以势压人，使部下替你工作。但要知道，强扭的瓜不甜，他们会暗中抵制、消极怠工，这样受损的是你的单位的效率和效益。

管理的艺术和奥秘就在于，要使员工体会到，为领导工作就是他们最高的利益和唯一正确的选择。管理者要十分注意倾听下属的意见，尤其是那些颇有威信和见解的下属和员工的建议。许多事情,只有得到他们的理解和支持,你推行起来才会顺顺当当而没有障碍。你最不愿意看到的是过去已经安排的事以不了了之而收场,因这样丧失的是你的威信,丢掉的是你的面子。因而,一定要看重员工。

有句话说得好:"爱你的员工,他也会百倍地爱你的企业。"作为企业领导者,要有爱护员工之心,做到从思想上重视员工,从感情上贴近员工。

对亨利·福特来讲,企业经营者就如同统率千军万马的将领,唯有尊重、爱护、关心员工,注重培养与员工的感情,才能充分调动员工的积极性和创造性。

在福特公司,没有私人停车场,更没有私人餐厅。公司的员工,不管是流水线上的普通工人,还是工厂的经理,不管是行政秘书,还是总经理,都身着金黄色的工作服,管理人员穿米色夹克衫。所有人都在同一间餐厅内就餐,工程师们和经理们不仅与生产工人并排坐着用餐,而且在大多数的时间里,他们还在车间里一同工作。他们不仅仅是在贯彻实施新的设想,更多的是亲身投入到零部件的装配等具体工作中去,而不在乎自己的双手是否会被弄脏。同样,福特公司里也没有私人办公室,取而代之的是宽敞、开放式的办公场地,人人肩并肩地伏案工作。

福特公司创造了一个培养合作精神的工作环境,不设置私人办公室、停车场和餐厅,使每一个福特人都感觉到他或她同属于一个集体。

公司成立初期,亨利·福特就强调,人才是福特最宝贵的财富和胜利源泉,因此,他总是把对人才的投资摆在更重要的位置,而不是单纯地追求经济利益。

亨利·福特大力强调青年人的作用,坚信必须有最杰出的人来为公司工作,资深职员向来不是高级职位的优先人选。他十分欣赏青年人勇于创新、向陈规陋习挑战的开拓性思维,亨利·福特曾当着众多的员工说:"低级职员不敢于向他们的上司职员挑战的企业,是不会取得长足的

195

先做人，后做事

进步的。"人人平等、人人合作的内部环境成为激励福特员工奋发进取、天天向上的重要因素，时至今日，尊重人才、爱惜人才仍是福特在全球所倡导的经营理念。

"林子大了，什么鸟都有"，亨利·福特对自己的手下疼爱有加，但对于那些破坏企业形象的人，他从来都是严惩不贷、毫不留情的。

曾有一个部门经理，他从公司创立就一直跟着亨利·福特，亨利·福特对他也很信赖。但是，久而久之，他却倚仗着自己是公司的"元老"，在公司飞扬跋扈。在一次外事谈判中，他竟然私自吃对方的回扣，事后被亨利·福特发现，立即将其辞退了。

这招"杀鸡骇猴"果然灵验，公司的经理和员工看到连这位经理都被亨利·福特辞退了，不禁又惊又畏。他们平时在福特公司受到的待遇也不低，所以看到这种情况，都"安静"了下来。亨利·福特曾说："制服这类'恶人'，一是要以恶制恶，以'毒'攻'毒'，以暴制暴，让'恶'人恐惧就范；二是要有威慑力，能震慑住众人。"

总而言之：听话的，就多给根萝卜吃；不听话的，就当头狠狠敲一棒。施恩是一种策略，其目的在于建立自己的名声；施威是一种手段，其用意在于提高自己的威望。"声望"树立起来了，基础也就牢实了，还怕有什么不能实现的吗？

俗话说得好，"饭要自己吃，好要人家夸"。你要树立自己的形象，自诩自夸是没有多大作用的，因为没有人会相信。但如果让你的下属和员工来宣传，那就会一传十、十传百，既有说服力，又有真实性，达到事半功倍的效果。一旦声名远播，你还愁没有晋升发展的良机吗？相反，如果上下关系恶劣，在下属和员工面前臭名昭著，尽管有背靠的大树，但谁还能替你左右形势呢？

人的许多行动都是由情感支配的，因而情感的激励作用不可小视。作为领导者，要善于用人之常情来打动和感化下属，赢得下属的信任和欢心。感情融洽了,做起事来自然就顺利了。

关怀是人不可缺少的精神需求。领导关怀下属,下属就尊敬领导。领导对下属愈是关爱,下属工作起来就愈加心情舒畅,也就更容易充分发挥积极性和主动性。领导的关怀应从大的方面着眼,从小的方面入手。大的方面,是指关心下属事业上的进步,帮助他们实现自己的远大抱负。小的方面,就是要经常了解下属的衣食住行等。必要时,伸手拉他们一把,他们自然会感恩戴德,知恩图报。

其次,管理者常使用"杀一儆百"的手段加强对下属的管理。

国外曾经有这样一个公司,老总平易近人、和蔼可亲,与下属亲密无间,时常在一起打牌、下棋、游山玩水……久而久之,下属便把老总当朋友一样看待了。平日上班不是迟到就是早退,更有甚者竟然连续几周不来上班。老总交给的任务要么草草完事,要么干脆拖个十天半月再去干。半年下来,公司的纪律已经荡然无存,营业额和利润直线下落,使得这位老总很是担忧,怎么办呢?

老总思前想后,在某一天的公司大会上,宣布曾经与他十分亲密的一位好友因纪律散漫、业绩拙劣而被辞掉。

这一招果然十分管用,公司员工看到此景,都纷纷重新勤奋起来,而且为产品广开销路频出妙招,一切又朝着好的方向发展开去。

这位老总就是被尊称为"经营之神"的松下集团的奠基人松下幸之助,而他这一经营管理的招数正是从"恩威并济"的计谋演化而来的。

方圆型管理者的原则是:属下如果听话,就不停地给他好处,让他感恩戴德,效忠死命;如果不听话,一定要做出严厉的表情,并采取惩罚措施,必要的话,就弃之不用。如果弃之不用仍不能保住自己的统治,干脆"杀"之,以绝心腹后患。这样,属下们才会诚心办事,不敢再欺君犯上了。

另一方面,竞赛激励也是管理者激发员工工作热情的一种有效手段。

先做人，后做事

曹操在铜雀台大摆宴席的时候,曾将西川红旌战袍挂于树上,下设靶场,扬言谁射中靶子红心,战袍就归谁。这引得各路大将轮番上阵争夺,比得难解难分,胜负始终未决。最后,一场比箭大赛居然发展成武斗争夺,徐晃和许褚为了战袍拳头相向,争得面红耳赤,最后在曹操的劝解下方才罢手。

将员工们置于一种互相竞争的环境当中,无疑会给他们带来一种压力,进而转化成一种动力。竞争还可以在无形中唤起员工的自尊意识,因为从某种意义上来说,落后就是一种耻辱。这种耻辱可以刺激员工后来居上,让他们决心以优异的成绩来证明自己。于是在这种互相竞争的环境当中,员工们一步步成长起来。在他们的推动下,企业也会一天天壮大。

第五章 识人要方,用人要圆

方圆智慧

方圆型管理者懂得,爱惜部下,真诚地关心他们,是自己事业前进的保证。